珊卓：獻給肯恩（Ken）與亞奎拉（Aquila）

聲宏：獻給爸爸、蕾禧卡（Rebecca）與勤美（Vita）

科學天地 **100D** World of Science

大腦開竅手冊
Welcome to Your Brain

Why You Lose Your Car Keys but Never Forget How to Drive
and Other Puzzles of Everyday Life

Sandra Aamodt, Ph.D. and Sam Wang, Ph.D.

阿瑪特、王聲宏 著　楊玉齡 譯

作 者 簡 介

■ 珊卓・阿瑪特 Sandra Aamodt

《自然神經科學》(*Nature Neuroscience*)的前任總編輯,這份期刊在神經科學領域有舉足輕重的地位。

珊卓是約翰霍普金斯大學生物物理學士,羅徹斯特大學神經科學博士。在耶魯大學做了四年的博士後研究,然後於1998年加入當時才剛創刊的《自然神經科學》,2003年成為總編輯。

在她的編輯生涯中,閱讀了超過5,000篇論文,並且為期刊寫了數十篇關於神經科學與科學政策的評論。她也在多所大學授課,參與過分別在10個國家舉行的40多場科學會議。她的文章也常出現在《紐約時報》、《華盛頓郵報》和倫敦《泰晤士報》。

珊卓喜歡騎機車,與王聲宏合作寫完《大腦開竅手冊》後,花一年半時間在南太平洋航行,然後再完成《兒腦開竅手冊》。目前與丈夫住在加州,她的先生是神經科學教授。

■ 王聲宏 Sam Wang

普林斯頓大學的神經科學暨分子生物學副教授。

19歲即以優異成績獲得加州理工學院的物理學士學位,後來取得史丹福大學醫學院的神經科學博士學位。曾在杜克大學醫學中心及朗訊科技的貝爾實驗室從事研究,也曾替美國參議員研擬科學與教育政策。出版《大腦開竅手冊》後,經常上電視受訪。

他在頂尖科學期刊發表了超過50篇大腦科學論文,這些期刊包括《自然》、《自然神經科學》、《美國國家科學院研究彙刊》、《神經元》。而且他獲得了許多獎項,包括美國國家基金會青年研究員獎、史隆基金會獎賞(Alfred P. Sloan Fellow),以及凱克基金會(W. M. Keck Foundation)傑出年輕學者獎。

聲宏目前與妻子住在新澤西州的普林斯頓,他的太太是醫生,兩人育有一個女兒。

譯 者 簡 介

■ 楊玉齡

輔仁大學生物系畢業。曾任《牛頓》雜誌副總編輯、《天下》雜誌資深文稿編輯。目前為自由撰稿人，專事科學書籍翻譯、寫作。

著作《肝炎聖戰》（與羅時成合著）榮獲第一屆吳大猷科普創作首獎金籤獎、《台灣蛇毒傳奇》（與羅時成合著）榮獲行政院新聞局第二屆小太陽獎。

譯作《生物圈的未來》榮獲第二屆吳大猷科普譯作首獎金籤獎、《大自然的獵人》榮獲第一屆吳大猷科普譯作推薦獎、《雁鵝與勞倫茲》榮獲中國大陸第四屆全國優秀科普作品獎三等獎。

另著有《一代醫人杜聰明》；譯有《基因聖戰》、《大腦開竅手冊》、《大腦決策手冊》、《奇蹟》、《念力：讓腦波直接操控機器的新科技‧新世界》等數十冊書（以上皆天下文化出版）。

大腦開竅手冊 ❊
目錄

大腦開竅手冊
目錄

大腦開竅手冊 ✳
目錄

大腦開竅手冊

目錄

測驗時間
你對自己的腦袋了解
有多深？

在開始閱讀這本書之前，不妨先測驗一下你的大腦開竅程度。

1) **你腦袋中最後一個神經細胞在什麼時候出生？**
    - (a) 在你誕生之前
    - (b) 6 歲的時候
    - (c) 18 到 23 歲之間
    - (d) 老年的時候

2) **男人和女人與生俱來就有的差異是**
    - (a) 空間推理能力
    - (b) 導航策略
    - (c) 為他人把馬桶蓋放下
    - (d) a 與 b 皆是
    - (e) b 與 c 皆是

3) **你的腦袋使用到的部分，比例有多高？**
    - (a) 10%
    - (b) 睡覺時 5%，清醒時 20%
    - (c) 100%
    - (d) 依個人的智力而定

4) 愛因斯坦的腦袋與一般人相比，有什麼差別？他的腦袋

(a) 真的比較大

(b) 並沒有比較大

(c) 表面皺褶較多

(d) 多出一個部分

5) 以下哪個策略最能夠克服時差？

(a) 抵達目的地後的那個晚上，服用退黑激素

(b) 幾天內避免日照

(c) 到達目的地後多曬太陽

(d) 開著燈睡覺

6) 以下哪個活動可能改善學業成績？

(a) 睡覺時，聽古典音樂

(b) 念書時，聽古典音樂

(c) 從小學習某種樂器

(d) 念書時，每隔一段時間就停下來，打打電動

(e) c 與 d 皆是

7) 在撞到頭之後，最不可能出現以下哪種狀況？

(a) 失去意識

(b) 失去記憶

(c) 原本失憶的人會回復記憶

(d) 性格發生改變

8) **對你的頭腦來說，以下哪件工作最複雜而困難？**

(a) 做長程決策

(b) 看一張照片

(c) 下棋

(d) 睡覺

9) **你的腦袋所耗掉的能量，與下列哪一項東西相當？**

(a) 一盞冰箱的燈泡

(b) 一台筆記型電腦

(c) 一輛正在發動引擎的汽車

(d) 一輛在高速公路上奔馳的汽車

10) **你的朋友想搔你的肚皮癢癢，你要如何減輕搔癢的感覺？**

(a) 把你的手放在他的手上，跟著一起移動

(b) 咬自己的指關節

(c) 反過來搔他癢癢

(d) 喝一杯水

11) **考試前，下列哪項活動可能有助於提高成績？**

(a) 喝一杯酒

(b) 不斷提醒自己，這場考試很重要，不能考砸

(c) 吃一塊糖

(d) 非常堅定的告訴自己，你對這種考試很在行

12) 你在一個很吵的房間裡與朋友講手機，怎樣做，才可以讓你
    們的對話更清楚？
    (a) 講大聲一點
    (b) 遮住一隻耳朵，用另一隻耳朵聽電話
    (c) 在你講話時，遮住你的耳朵
    (d) 在你聽話時，遮住手機的發話筒

13) 以下哪一種方法能有效減輕焦慮？
    (a) 抗憂鬱藥物
    (b) 運動
    (c) 行為治療
    (d) 以上皆是

14) 以下哪個項目，是失明者比明眼人更擅長的？
    (a) 了解字彙
    (b) 聽聲音
    (c) 記憶故事
    (d) 訓練狗

15) 以下哪句話，是你媽媽說得對？
    (a) 「把音樂轉小聲一點！」
    (b) 「出去玩一玩！」
    (c) 「多練一下樂器！」
    (d) 以上皆是

16) **我們的記憶從人生哪個階段開始變差？**

(a) 20 幾歲

(b) 30 幾歲

(c) 40 幾歲

(d) 50 幾歲

(e) 60 幾歲

17) **哪一項活動會殺死神經細胞？**

(a) 一個晚上喝 3 瓶啤酒

(b) 抽大麻

(c) 吃搖腳丸

(d) 以上皆是

(e) 以上皆非

18) **以下哪一項不太可能改善老年時的頭腦功能？**

(a) 多吃含有 Ω-3 脂肪酸的魚

(b) 養成運動的習慣

(c) 每天喝一兩杯紅酒

(d) 每天喝一整瓶紅酒

19) **以下哪一部電影所描述的腦神經損傷最不真實？**

(a) 「記憶拼圖」的藍納

(b) 「我的失憶女友」中的茱兒・芭莉摩

(c) 「海底總動員」的藍色倒吊魚多莉

(d) 「美麗境界」的數學大師約翰・納許

20) 哺乳類動物當中，一夫一妻制的動物種類比例有多高？

    (a) 5%

    (b) 25%

    (c) 50%

    (d) 90%

答案：	1) d	2) d	3) c	4) b	5) c
	6) e	7) c	8) b	9) a	10) a
	11) d	12) d	13) d	14) c	15) d
	16) b	17) e	18) d	19) b	20) a

開場白
用你的頭腦，弄懂你的腦袋，讓你的頭腦更厲害！

我一向認為，頭腦是我全身最重要的器官。
但是後來我想了一想：且慢，這是誰告訴我的呀？

菲利普斯╱Emo Philips，美國喜劇演員

　　在我們研究神經科學和撰寫專業文章的這幾十年來，常常發現自己在一些奇怪的場合，和陌生人討論頭腦——在髮廊裡、在計程車上、甚至在電梯裡。信不信由你，聽的人通常都沒有走開，反而會追問一些有趣的問題，像是：

- 喝酒會不會殺死腦細胞呀？

- 考前開夜車、臨時抱佛腳有用嗎？

- 懷孕期間播放音樂，是不是能讓我的寶寶更聰明？

- 我家裡那個青春期的大孩子，到底是哪根筋不對？（或是我老爸、老媽到底哪根筋不對？實在有夠煩！）

- 為什麼我們沒有辦法搔自己的癢？

- 男人和女人的思考方式，真的不一樣嗎？

- 撞到頭，是不是真的會喪失記憶？

這些問題都跟你的腦袋有關，也就是你頭骨之中那神奇的 1.4 公斤重的東西。你的腦袋讓你能夠欣賞夕陽、學語言、說笑話、認出朋友、躲避危險，以及看懂這一段話。

過去這 20 多年來，神經科學家得知了好多有關腦袋如何進行這些任務的知識。雖然神經科學是一個很複雜的主題，但是我們認為，根本不必弄得那麼嚇唬人，讓人一碰上這個主題就緊張得神經兮兮的。這本書將會提供一些內幕消息，告訴你腦袋是怎麼運作的，以及你該怎樣幫你的腦袋運作得更好。

你的腦袋達成任務的方式有好多種，包括用一些詭計和走捷徑，好幫它自己運作得更有效率，但是這些也可能引導你犯下一些可以預期的錯誤。讀了我們的書，你會發現自己是如何完成每天都要做的事，避免讓你自己的腦袋給欺騙了。

　　我們也要破解某些迷思，破解那些人云亦云的說法，好幫助你不再讓人給唬了。譬如說，你其實並不只是動用到 10% 的腦力。拜託，沒這回事！

　　對自己的腦袋了解多一點，一來很有趣，二來也很有用。我們將證明給你看，只要做一些簡單的改變，不只能讓你更加好好利用自己的腦袋，而且也幫助你讓自己的生活更加充實，更加快樂。我們還會告訴你，疾病怎樣損害你的腦袋，我們也會建議你可以怎麼做，好未雨綢繆或是修復腦袋。

　　這本書就像一趟導覽，我們將會遍訪最美的風景與最重要的景點。但是，你不一定得從第 1 章開始讀起。你可以從任何一頁切入，隨意讀個幾段，這本書每一章都是獨立的。

　　而且在每一章裡，你都會發現一些有趣的事實，一些讓你能在雞尾酒會上拿出來取悅友人的話匣子，以及一些能讓你腦袋更靈光的實用訣竅。另外，我們還會告訴你，你的腦袋常常耍哪些花招，走哪些捷徑，以及你應該怎麼反過頭來利用它們，讓你更加善用自己的腦袋。

　　以下是這趟導覽的行程介紹：

● 第 1 部，我們將介紹本書的主角——你的腦袋。我們將拉開布幔，展示幕後的真相，並解釋你的腦袋如何幫助你在這個世界裡求生。

● 第 2 部，我們將來一趟感官之旅，解釋你是怎麼去看、去聽、去觸摸、去聞、以及去嚐味道的。

● 第 3 部，我們將展示，你的腦袋在這一生中從出生到老年的變化。

● 第 4 部，我們將檢視你腦袋裡的感情系統，焦點擺在這些感情如何導引你好好過日子。

● 第 5 部，我們將討論你的推理能力，包括做決策、智力、以及兩性在認知上的差異。

● 第 6 部，我們將檢視腦袋的變化狀態，包括意識、睡眠、藥物與酒精、疾病等主題。

建議你：不妨把這本書擺在床頭櫃或是茶几上，隨時翻到哪兒，就讀哪兒。我們希望你能從中得到一些新東西、一些樂趣，而且在讀了幾頁之後，會想要把整本書讀完。

現在，請拉出一張椅子坐下來，準備來認識一下你的腦袋，以及你自己！

01

破解你對大腦的誤解

1

你的腦袋愛撒謊
但它會把你需要知道的告訴你

你的腦袋常常騙你。

真抱歉，我們必須這樣告訴你，但這都是真話。

即使你的腦正在處理重大又困難的事務，你還是不會知道其中大部分的來龍去脈。

當然囉，你的腦袋不是故意要騙你的。大部分時候，它的表現都很出色，非常賣力的幫忙你，好讓你在這個複雜的世界裡能順利活下來，實現你的夢想。由於你必須經常迅速的做出反應，來應付危急狀況，或是把握大好時機，你的腦袋通常只求找出一個馬馬虎虎的答案，而不願花太多時間來思考周延的答案。再加上這個世界是這麼複雜，你的腦袋不但得走捷徑，而且還要預設很多立場。

雖然你的腦袋都是為了你好才撒謊（大部分時候確實是這樣），然而它也會因此犯下可以預期的錯誤。

你的大腦為了讓你平安度過一生，會習慣走某些捷徑、預設某些立場。我們寫這本《大腦開竅手冊》，就是想幫助你了解這些竅門。我們非常希望得到了這些知識後的你，能夠比從前更容易看出：什麼時候你的腦袋是可靠的消息來源，什麼時候它可能又在誤導你。

問題往往從最前線就開始發生了，也就是大腦透過感官接收外界訊息的那一刻起。

比如說現在，就算你此時正靜靜坐在房間裡，你的腦袋所接收到的訊息之多，還是遠遠超過它所能掌握的數量，或者應該說，遠超過你需要決定如何應對的範圍。

你也許知道地毯的花色長什麼樣子，知道牆上掛了哪些照片，也知道小鳥在窗外鳴唱；但事實上，你的腦袋接收到的是更多有關這個場景的第一手資料，只是它馬上就把這些資料給扔了。通常這些資料確實一點用處也沒有，所以我們平常也不會留意到底漏掉了多少資訊。

腦袋在遺漏資訊這方面，撒的謊可多了，因為大部分的外界資訊一旦被它認定是不值得注意的廢物，馬上就會遭到拋棄。

律師對這個道理清楚得很，他們了解目擊證人是非常不可靠的，部分原因就在於：證人會自行想像（其實我們大多數人都會），於是說出一些他們實際上沒辦法真正見到、或是記得住的細節。因此，律師往往就充分利用這一點，藉由「誘導證人說出他們見到了律師有辦法駁倒的事情」，來質疑證人的可信度，進而讓這層疑雲籠罩到證人的其他證詞上頭。

除了丟掉資訊之外，大腦還會就每一個情境中，速度與正確度何者比較重要，來決定是否要走捷徑。

多數時候，你的腦袋都偏愛速度，喜歡根據經驗法則，也就是選擇比較容易執行、但不見得合乎邏輯的方法，去解釋眼前的事件。但有些時候，大腦也會選擇那些適合用來做數學或解謎題的、非常緩慢、謹慎的方法。

心理學家卡尼曼（Daniel Kahneman）就是因為研究這類經驗法則以及它們對真實行為的影響，而贏得諾貝爾經濟獎。〔他的長期研究搭檔特弗斯基（Amos Tversky），因為過世而沒能與他一起得獎。〕

這兩位學者的研究結果傳達了一項訊息：邏輯思考是很費力的事。譬如說，你不妨試著用最快速度，解解這道題目：已知一根球棒與一顆棒球總計 1.1 美元，球棒比棒球貴 1 元，那麼一顆棒球要多少錢？

或許大多數人都會回答棒球一顆是 0.1 美元，這是直覺給出的答案，但這

下棋難嗎？看照片更難！

你可能自以為曉得你的大腦在做什麼，但事實上你只注意到其中很小的一部分——你的大腦瞞著你所完成的，才是最艱難的工作。

當電腦科學家開始嘗試開發可以模擬人類能力的程式時，他們發現要電腦遵循邏輯規則，解開複雜的數學問題，其實還滿簡單的；但若是要讓電腦「看」出某個固定的影像是什麼，卻非常困難。

時至今日，最好的西洋棋程式已經能打敗棋王了（至少有時候可以），但若是說到視覺影像的辨識，隨便一個三歲小孩都能狠狠擊敗最頂尖的電腦程式。

原來，這裡頭很困難的一步，就在於辨識全景中的個別物件。譬如說，當我們在看一張餐桌時，似乎很輕易就能看出，桌上的玻璃水杯是一個物件，同時它位在另一個物件（例如花瓶）的前方。這種辨識能力，其實是相當複雜的計算過程，若由電腦來計算，可能會算出好幾種答案來。但是對大腦來說，幾乎完全不成問題——只除了偶爾的例外，例如在一條黑漆漆的馬路上，你眼中原本以為是路中央的一塊石頭，突然變成了鄰居家的小貓咪。

大腦在處理這類可能性時，根據的是它先前接觸過各種物件的經驗，包括曾經看過兩個物件各自獨立的樣子，以及它們在其他組合裡的樣子。

想想看，你是否曾拍過好像有一根樹枝從某人頭頂上長出來的照片？在你按下快門的剎那間，你並沒有注意到這個問題，因

為你的大腦已經很有效率的，根據畫面中各物件與你眼睛間的距離，幫你把它們一一區分開來。但是拍成了照片之後，二維空間的平面照片無法包含原來場景中的距離因素，於是看起來，就好像是兩個物件疊在一起似的，有點兒滑稽。

答案並不正確。正確答案是：球棒為 1.05 美元，棒球為 0.05 美元。

　　你的大腦像這樣走捷徑的狀況是很常見的。事實上，人們幾乎都是用這種方式來面對所有狀況——除非事先接獲提示，知道應該要用邏輯方式來解決。重點是大多數時候，你的腦袋憑直覺給出的答案都還應付得過去，即使那是錯誤的答案。

　　在日常生活裡，我們很少碰到必須用邏輯來解決的問題，但是卻經常碰到一些狀況，必須快速判斷我們不熟悉的人物。卡尼曼與特弗斯基就利用一種方式，展現了這類型的判斷力同樣是不符合邏輯的。

　　他們進行的實驗方式是，首先告訴受測者關於琳達的個人資料：「琳達今年31歲，未婚，個性直爽，非常聰明。她主修哲學，在大學時代，就極為關心各種與歧視、社會正義有關的議題，同時她也參加示威運動。」接下來，卡尼曼與特弗斯基要求受測者，從一張精心設計過的特徵表當中，圈選出最能貼切描述琳達的答案。

　　實驗結果是，大多數人都認為答案 (a)「琳達是一位活躍於女權運動的銀行員」，比答案 (b)「琳達是一位銀行員」，更適合描述她。他們直覺的選擇 (a)，是因為許多有關琳達個性的描述，像是「關心社會正義」之類的，暗示了「她可能在女權運動方面很活躍」。然而這並不是正確的答案，因為凡是符合答案 (a)「琳達是一位活躍於女權運動的銀行員」的，全都符合答案 (b)「琳達是一位

左腦很愛詮釋，右腦實事求是

一般人談到「右腦」和「左腦」時，其實指的是大腦皮質的左右兩邊。雖然它們在功能上確實有些差異，但是社會大眾經常都誤解了這些差異。

大部分人的語言功能都是由腦的左半邊控制的，此外，左腦還負責解決數學及其他邏輯問題。有趣的是，它同時也是導致記憶出差錯或自圓其說、捏造細節的罪魁禍首，因為左腦正是我們腦袋中那個「詮釋者」的老家。

總之，左腦似乎很強烈的需要講求邏輯和秩序一程度強烈到，要是真有某件事不合邏輯，它往往會自行編造出一套聽起來滿合理的說詞。

反觀右腦，當它在報告發生了什麼事情時，如實得多了，不愛誇張。右腦控制的是空間認知，以及藉由碰觸來分析物體，擅長「視覺一動作」協調任務。相較之下，右腦並沒有那麼的「藝術性」或是「情緒化」，它就只是「實事求是」而已。

右腦的作風其實就像美國影集「警網」裡的警探佛萊迪。如果右腦能開口，它大概會說：「這位女士，我們只問事實。」

銀行員」。當然啦，(b) 的描述裡還包括了那些保守的、或是冷漠的銀行員。

在這個案例中，受測者即便是高級知識份子，例如統計學研究生，依然會犯錯，做出違背邏輯的結論。像這樣在沒有確切證據前，就把整組相關特性貼到別人身上的強烈傾向，是一種能夠快速評估可能結果的妙方，但也可能是社

會上普遍存在各種刻板印象與偏見的根源所在。

更糟的是，我們告訴自己的許多事情，甚至也不是我們腦袋裡真正的實情。有一項關於腦部創傷病患的著名研究，可以證實這個想法。罹患嚴重癲癇的病人，有時會接受外科手術，將大腦皮質的左右兩半分開，以避免發作時，會從某一邊蔓延到另一邊；而這也意味著，他們的左腦完全不知道右腦在做些什麼，反之亦然。

其中有一個實驗，科學家把一幅雞爪的圖片，展示給某病患的左腦看，那兒是語言區域的所在地，然後又展示另一張雪景的圖片給右腦看，右腦並沒有處理語言的能力。當實驗人員要求受測者從另一堆圖片中，挑選出一張相關的影像時，他用左手（由右腦所控制）選出一張鏟子的圖片，又用右手（由左腦所控制）挑出了一張雞的圖片。當科學家要求他解釋選出這兩張圖片的原因是什麼，他答道：「喔，很簡單。雞爪和雞有關，然後你需要一把鏟子來清理養雞棚。」

科學家對這項實驗的結果有個結論：我們的左半腦裡有一個「詮釋者」，負責將世界合理化，即便它並不了解到底發生了什麼事。

前面提到的這些問題，諸如把資訊扔掉、頭腦走捷徑、還有發明一些聽起來合理的說法，加總起來就是心理學家所謂的「改變盲」（也就是看不到改變，在沒有給提示的情況下，看不出來很多細節已有改變）。就拿觀看本頁的兩張圖片為例好了，你可以看出它們的差異在哪裡嗎？（我們還是給一個提示吧：請注意某個年齡層的男性！）

當接受測試的人觀看像這類複雜的圖片時，如果圖片是靜態的，或許就不難看出差異；但是如果影像是不斷閃爍、兩者交替出現時，要能夠辨別，可就是件難事了。之所以會有這種情況，主要原因在於我們的視覺記憶力並不算好。

諸如此類的一系列實驗，使得心理學家紛紛想試試自己的運氣，他們設計出一些更極端的方式，試圖讓大家瞭解我們對周遭情況的疏忽有多誇張。

我們最喜歡的實驗之一是這樣的：派一名研究人員在街上隨便找一個行人來問路，當這個行人開始回答時，另外幾名研究人員會抬起一片門板，從他們中間穿過，使得行人與問路者都暫時看不見對方。趁著有門板阻擋視線時，原先的問路者會掉包成另一名研究人員，而新的問路者會接續原有的談話，一副若無其事的樣子。

你會大吃一驚的是，即使第二名問路者和原先的問路者長得一點都不像，還是只有大約 50% 的行人，察覺到問路者換了一個人。

在另一個實驗裡，研究人員要受測者觀看一卷錄影帶，內容是 3 名穿白衫的學生把一顆籃球傳來傳去，場上還有另外 3 名穿黑衫的學生也在互傳另一顆籃球；接著，研究人員要求受測者去計算白衫組傳球的次數。

兩個小組之後會混合在一起，此時一名身穿大猩猩服裝的人，從球場的某一邊走進來，再從另一邊走出去，中間還停下來對著鏡頭做捶胸狀。實驗結果揭曉，大約有半數受測者根本沒有注意到場上曾有「大猩猩」出沒。

這些實驗都證明一點：你其實只接收到一部分的外界訊息。

我們已經證實了，你過去的記憶是不可靠的，而且你對當下環境的認知也是有選擇性的。講到這兒，如果我說，你想像未來的能力也非常可疑，恐怕你也不覺得有什麼好大驚小怪的了。

就像美國心理學家吉伯特（Daniel Gilbert）在他的著作《快樂為什麼不幸福？》中解釋過的，當我們試著將自己投射到未來情境時，我們的大腦傾向於填入許多可能不切實際的細節，而漏掉另外一些可能很重要的細節。如果我們把想像出來的情節，拼湊成一部未來的電影，那麼我們在規劃自己的生活時，

將很容易疏忽一些陷阱以及機會。

或許你現在會想，腦袋告訴你的事情到底有沒有一件是可信的？其實你用不著灰心，大腦看似奇特的抉擇，背後可都是經歷了數百萬年的演化而來。你的大腦選擇性加工的細節，其實都是世界上自古以來與生存最為相關的細節；意思是說，那些出乎意料的事情，大腦會特別留意。

正如我們前面談過的，你的腦袋很少告訴你真話，但是大部分時候，它都會把你需要知道的東西告訴你。

請問你有幾個朋友能做到這一點？

 沒這回事：

我們只用了10%的腦力

隨便找幾個人，問問他們對於大腦知道些什麼，最常出現的答案，可能就是「我們只用了10%的腦力」。這種信念，恐怕全世界的神經科學家聽到了都要嚇得發抖。

所謂「10%」的迷思，最早是在美國興起的，時間是在一個世紀多以前，然而到了今天，即使在像巴西那樣遠的國度裡，仍有大約半數人口相信這樣的迷思。

雖然，對於研究腦袋瓜的科學家來說，這個想法一點道理也沒有；大腦實際上是一個效率十足的器官，而且其中每個部分都是不可或缺的。但這項迷思既然能夠流傳得這麼久，它必定說出了我們一心巴望著聽到的好話。

10%的迷思之所以能撐到現在、歷久彌新，祕訣可能就在於

它所傳達的樂觀訊息：「如果說我們只利用了10%的腦力，想想看，要是我們能夠再多利用一點那剩餘的90%腦力，成就不知道會有多高呢！」

毫無疑問的，這是一個動人的想法，而且也是一個頗有平等精神的想法。畢竟，如果人人都有這麼多的閒置腦力，那麼世界上就沒有誰是真正的笨蛋了，頂多只有一群還沒學會充分利用腦力的「愛因斯坦第二」罷了。

這種樂觀信念已經讓自助理論大師找到契機，用來銷售他們那堆沒完沒了的腦力提升課程。卡內基（Dale Carnegie）就是利用這個想法，讓他的書大銷特銷，在 1940 年代影響了廣大的讀者群。他把這個迷思，歸功於現代心理學之父詹姆斯（William James）的想法，並且進一步發揚光大。然而，從來沒有人發現詹姆斯在著作或演說中，曾經提及 10% 這個數據。

詹姆斯確實曾對一般聽眾說過，人類擁有的心智能力遠超過他們所用到的。或許是某個想像力豐富的熱心聽眾，覺得如果能加上一個特定的百分比數據，會讓這個想法聽起來更有科學性，於是 10% 就這麼傳開了。

這個想法在熱中於「超感官知覺」（俗稱第六感）或其他超自然現象的團體中，尤其受歡迎，他們常常會利用這個 10% 迷思，來解釋那些超能力。

將某個非科學領域的信念，建築在一樁科學事實上，早已不算新鮮事，但是如果連這樁所謂的科學事實都是假的，可就過分了一些。

事實上，你每天都在使用全部的腦力。或許你可以反過來這麼想：倘若真有一大部分的腦袋沒利用到，那麼你的腦子要是碰傷了一小塊，應該不會出什麼大毛病才對。但這顯然不是事實。

能夠用來顯現腦部活動狀態的各種功能造影術，也同樣能證明：即使是很單純的任務，也足以讓整個腦袋活動起來。

關於 10% 這個迷思是怎麼開始的，還有一個可能：

我們現在知道，腦袋某些部位的功能太過複雜，以致它們受損後所產生的影響非常微妙。譬如說，大腦額葉皮質受損的人，日常生活通常還是能照常進行，但是卻沒有辦法根據實際情境的需要，來判斷並做出正確的舉動。舉例來說，這樣的病人有可能在一場重要會議進行了一半的時候，逕自離席出去吃飯。不用說，像這樣的病人在社會上肯定會吃到不少苦頭。

早期的神經科學家，沒有辦法釐清額葉區皮質的功能，也許是因為他們都用實驗小鼠來做研究的關係。關在實驗室裡的小鼠，過著相當單純的生活，牠們只要有能力找到食物和飲水，然後走過去，把東西給吃掉就可以了。除此之外，牠們幾乎啥事也不用做，就能活得下去。對小鼠來說，上述這幾件事，全都不需要動用到大腦額葉區域，因此早期的神經科學家發展出一個想法：大腦的這些區域似乎閒得很。

不過，後來經過更多精巧的測驗之後，科學家終於推翻了這個觀點，但是這則「只用了 10% 腦力」的迷思，卻早已經深植人心了。

2

給腦袋一記重擊！
好萊塢的「神經脫線」故事

想知道當你的腦袋重重挨了一記時，會出什麼毛病？拜託，千萬不要去看電影找答案！

電影裡的人物總是不斷惹上神經方面的麻煩，一會兒是失去記憶，一會兒是突然改變個性，再不然就是得了精神分裂或是帕金森氏症；至於反社會人格以及其他林林總總的精神異常，就更不用說了。

在好萊塢，大腦發狂的機會遠高於現實世界，有時我們簡直分不出那些情節究竟是科學還是科幻。電影中對精神疾病的描述，從大致正確到完全錯誤都有；最糟糕的是，那些完全誤解大腦如何運作的說法，很容易就助長了謬誤觀念的盛行。

到目前為止，電影中最常出現的精神疾病莫過於失憶症。喪失記憶這個主題，在電影世界多到可以自成一格，就像「男生愛上女生，男生失去女生，男生贏回女生」這種情節般的老套。只不過，故事主人翁失去的不是愛意，而是其他東西，例如忘了自己是一個訓練有素的殺手，就像電影「神鬼認證」以及「魔鬼總動員」。

神經心理學家巴森戴爾（Sallie Baxendale）曾經主持一項研究調查，結果發現電影裡的失憶症，可以一路回溯到默片時代。她把這些個案分門別類整理出來，其中大部分雖然犯了科學上的錯誤，但娛樂性十足。

電影中的戲劇化主題通常是這樣的：主角因為腦袋受傷導致記憶喪失，因而展開了新生活；接下來，咱們的男主角或是女主角會碰上一連串冒險事件以

哪些電影對腦部疾病的描述不正確?

描述很正確的電影	編劇「神經脫線」的電影
記憶拼圖	我的失憶女友
我知道你是誰	MIB 星際戰警
海底總動員	魔鬼總動員
美麗境界	奪命總動員
睡人	貓變老鼠(卡通「湯姆與傑利」系列)
	暗夜謀殺
	花落鶯啼春

及災難。雖然他們失去了記憶,但似乎依舊可以生活得滿正常的,而且也能再形成新記憶。

電影裡常見的另一類失憶,來自於心理創傷。這些心理創傷五花八門,從殺了人、到結錯婚,應有盡有,可以大大滿足情節發展所需要的戲劇化鋪陳。尤其到了最後,再來個急轉彎——劇中人突然恢復記憶,原因可能是第二次敲到頭,或者是經歷了一場技術高超的神經外科手術、催眠,也有可能是因為看到了一件從前心愛的重要物品。好啦,電影演完了,謝謝收看。

再來看看電視節目吧,肥皂劇和情境喜劇裡充滿了失憶症的案例,情節愈誇張的,收視率愈高。1960 年代,美國的著名連續劇「夢幻島」因為娛樂性高(而不是正確性高),所以備受觀眾喜愛,它光是在三季節目中,就出現了足足三樁失憶症個案。

還有一個惱人的例子是電影「我的失憶女友」，這部電影所描述的那種失憶症，是不管哪一種已知的神經疾病，都不可能出現的。

電影中，女星茱兒・芭莉摩飾演的角色每天都會形成新記憶，但隔夜又把它們忘光光，重新來過一次。也因為這種毛病，讓她能夠受得了和亞當・山德勒一再約會。這種類型的神經毛病：在某特定的時間長度內，一再儲存並喪失記憶的「特殊病例」，恐怕只有那種向別的劇本作家「借腦袋」的編劇，才能想得出來。

事實上，因為撞到頭而喪失記憶的故事，早在電影問世前，就在文學作品中出現過了。

例如，創作泰山系列小說的柏洛茲（Edgar Rice Burroughs），就特別鍾愛這個點子，常常用在他那些粗製濫造的作品裡。在柏洛茲所寫的一部文學水準比較高的作品《泰山得寶》中，他把其他形式的神經創傷造成失憶的可能性，全都切得一乾二淨：

「他睜開眼睛看到房裡一片漆黑。他摸了摸頭，發現手上沾了黏答答的血塊。他嗅了嗅手指，好像一頭野獸在聞受傷爪子上的生命之血……在他這座深埋的墳墓裡，聽不到一點聲音。他蹣跚的站起身，在一排排的鑄錠之間，摸索他的出路。他到底是誰？這是什麼地方？他的頭很痛，但除此之外，並不覺得挨到的那一記重擊還有傷到別的地方。他不記得那場意外，更想不起來意外是怎麼發生的。」

柏洛茲利用的是當時就存在已久的想法，那就是腦部受傷會導致失憶症。

1901年，帕克（Gilbert Parker）出版了一本小說，主角是愛喝酒的勢利眼律師史帝爾，他有個嘮叨不休的老婆，和遊手好閒的小偷連襟。史帝爾因為在吧台遭人打傷而患了失憶症。由於喪失記憶，使得他能夠逃避諸多現實問題，重新做人。史帝爾找到了新的愛情、過得很快活，直到昔日的記憶（以及昔日的責任）重新找上他。

好萊塢愛死這個情節了，所以分別在 1915 年、1920 年以及 1931 年，將史帝爾的故事拍成電影。

腦袋受了傷，人會變了樣

頭部創傷有時候會導致個性改變。在現實生活裡，這種情形可能出現在頭部前方受到重擊之後，那是因為大腦的前額葉皮質受到影響的緣故。這類型創傷中，最典型的結果包括失去抑制力和判斷力。但是個性全盤改變的例子，就很少見了。

在影集「夢幻島」裡，有一集描述原本像個小女孩的瑪莉安，在腦袋被敲了一記之後突然產生幻覺，自以為是性感的小明星金姐。雖說像這種幻覺行為有可能伴隨精神分裂症或者躁鬱症出現，但仍十分罕見。

另外，有一段可信度稍高的故事，出現在一部迷人的電影「神祕約會」中，片中艾奎蒂飾演一名無聊的家庭主婦，因為喪失記憶而經歷了一段極為迷惑的日子。

雖然「頭部受傷的人會選擇性的遺忘自己的身分」這一點很難令人相信，但接下來的情節卻有幾分真實。一則私人的廣告，以及一篇有關服裝的文章，幫助艾奎蒂編造出她所遺忘的過去，於是她繼續很盡責的過著一名已經逃走的女冒險家（由瑪丹娜飾演）的生活。

失去記憶的人確實會編造出一些合理的記憶，來補足那段遺忘的過去。而事實上，我們之所以會自認為具有正常且持續的記憶，也要歸功於這種編造行為。（請參閱第23章〈有些事忘不了，有些事記不來〉。）

在 1901 年之前，似乎還找不到幾個這類型的想法。充滿想像力的小說家究竟是從什麼時候，才開始寫這種撞到頭會失憶的小說呢？我們先撇開這個問題不談；這樣的想法其實象徵了一大進步：承認大腦是思想的所在地。

想想看，這進步了多少：16、17 世紀的莎士比亞是把心理變化歸因於魔術！例如《仲夏夜之夢》裡的泰坦妮亞，不就是因為惡作劇的巴克對她使了愛情靈藥，才會愛上長著驢頭的波頓？

我們這樣取笑五花八門的失憶劇情，或許也不盡公平。畢竟有許多源於精神異常的症狀，比起因為生理傷害或疾病而造成的神經系統失調，還來得變化多端。舉例來說，精神病患可能會表現出非常特殊的選擇性失憶症；此外，暫時性的喪失記憶也已知是自發的，可能起因於輕微的腦中風（請參考第 29 章）。

好萊塢老是告訴我們，喪失記憶始於腦袋受傷或是心理創傷。就這方面來說，是活該讓科學嚴格批判的。但是那些荒謬的情節倒也提供了一個窗口，讓我們一窺大眾心目中的腦袋運作方式。

許多電影中的錯誤認知，說穿了其實就是「腦袋就像老舊的電視機」。想想看最常在劇中出現的模式：某人的頭部受到重擊而失去記憶，又因為再度受到重擊而恢復記憶。這種屢見不鮮的劇情，其實指出了一個大家都心照不宣的、關於腦袋如何運作的迷思。

再給腦袋一次重擊這個點子，很可能來自於我們日常生活使用電器的經驗，尤其是老舊電器。大家都知道，拍打一台老電視，如果拍得對，有時候可以讓它起死回生。這些老電器通常是因為某些電路接觸點鬆了或髒了，才有可能一旦敲對了地方，就恢復了功能。

這件迷思的根本問題在於：「故障」的腦袋並沒有像老電視一樣的接觸點鬆脫現象，因為實際上，**神經元**（也就是神經細胞）之間的**突觸**，把神經元彼此連結得萬分緊密，除非是腦袋全毀，否則單靠撞擊，神經「脫線」這種事是不太可能發生的。

再說，既然由腦部受傷所引起的失憶，最有可能是因為液體堆積，壓迫腦

部所造成的，那麼再次受傷把腦袋治好的可能性，應該很低吧。

此外，許多搞電影的人似乎都認定，神經科學家已經把人腦摸得一清二楚了，只要透過神經外科手術，就可以修復喪失的記憶。沒錯，神經外科手術可以降低立即喪命的危險，像是去除壓迫腦袋的腫瘤，或是堆積在腦部的液體；但是神經外科手術可不是萬能的靈丹妙藥。

這讓我們聯想到一幕比較寫實、但很令人反胃的腦部受傷情景，出現在電影「沉默的羔羊」的續集「人魔」中。這部電影描述了「漸進侵襲」……算了，我們還是直說吧！就是把人腦一點一點的切下來烹煮，所造成的漸進失能。姑且不論在不殺死人的情況下，要執行這種腦部手術有多困難，在那一幕，起碼我們看到了腦部逐步受損時，所出現的不同階段的失能狀況。

當然，在娛樂界滿坑滿谷有關人腦的誤導及愚蠢描述之外，也有一些科

如何才能洗去痛苦的記憶？

在電影「王牌冤家」裡，主角想要抹去關於失敗戀情的記憶，於是跑去找尋專門提供這類服務的專家。片中，主角被綁住入睡，好讓專家在他的腦子裡翻箱倒櫃；他們把主角的記憶倒帶，以便搜尋他想要擦掉的那些記憶。

在這部電影中，很顯然有一個想法：神經活動的編碼是很明確的，因而我們經歷過的事物可以像電影般的播放出來。這個想法在邏輯上或許不能說完全錯誤——經驗似乎的確可以壓縮成頭腦能夠儲存的東西；但是，存取的結果絕對不會是完整事件的重演。

當我們回憶某個視覺場景的時候，會在腦部引發反應，而這個反應也算是很類似初次見到該場景時，腦部所產生的反應。另外還有一件事實，或許不如聽起來那樣神奇：我們確實能夠找出討厭的記憶的位置，倒帶重演一遍，然後予以消除，就好像從硬碟中刪掉不要的檔案似的。

近來有研究結果顯示，在我們回想起過去時，會強化那段記憶；同時有可靠的證據顯示，每當我們進行回憶，就可能一次又一次的「擦去」並且「重寫」那段記憶。

這些結果似乎暗示了：如果真有可能清除某些特定的記憶，基本前提可能在於，必須先讓它在回憶中重演。

學性很正確的異數。只不過，正確的科學知識不代表能滿足戲劇性。如果可以維持內容正確，同時吸引具有份量的佳評，那麼贏得票房佳績，其實也不無可能。例如電影「記憶拼圖」、「我知道你是誰」、「海底總動員」以及「美麗境界」中所描述的幾種腦部疾病，不但很正確，而且富有同情心。

2002 年上映的「記憶拼圖」，很正確的描述了主角藍納遭遇到的困擾。藍納罹患嚴重的順向失憶症（又稱為近事遺忘），他因為頭部受傷而無法形成新的記憶；此外，保住立即記憶裡的資訊，對他來說也很困難，只要稍一分神，就會忘記剛才的思緒。這部電影很聰明的利用倒敘的方式，將這種病症對人的影響介紹給觀眾，片子從一名角色死亡開場，劇終那一幕則揭露了所有後續事件的意義。

困擾藍納的那些症狀，與腦袋裡的海馬及其相連結構受損的人所經歷的症狀，非常接近。大腦裡並不是藏了一隻海馬，海馬其實是大腦的邊緣系統的一部分，與記憶有關，之所以會有這個名字，是因為它的形狀和海馬很類似。人腦裡的海馬，體積與大小差不多就像胖男人彎起來的小指頭一樣；我們的左右兩個半腦各有一個海馬。

海馬及其相連部位，例如大腦皮質的顳葉（請參閱第 53 頁的腦部構造圖解），都是短期儲存新事物與新經驗所不可或缺的。此外，這些部位對於長期記憶的儲存，似乎也很重要；如果有人的大腦顳葉或海馬因故受損（例如中風），通常都無法記得頭腦受損前數週或數月的事情。

難能可貴的是，「記憶拼圖」這部電影、甚至連導致藍納失憶症的那場意外，都描述得非常精準——他頭上受傷的部位，就是大腦皮質的顳葉所在；而意外所造成的失能也描述得十分正確。唯一可能不太正確的地方，是他知道自己的毛病而且還能夠形容出來，這一點和許多這部位大腦受損的患者不相同。

有一名代號 HM 的病患（他是醫學史上最知名的海馬及顳葉受損病患），可就不像藍納這麼幸運了（又或者，他這樣才叫做幸運）。在接受一場為了預防癲癇發作的實驗性腦部手術後，HM 永遠活在當下，逢人就問候，好像第一次見面似的，即使他已經和對方說過無數次話（請參考第 23 章）。

「美麗境界」的大數學家是精神分裂症患者

「美麗境界」這部電影，將數學家納許的故事增添了幾許戲劇性，同時也非常清楚的呈現他陷入精神分裂症的過程。劇中的納許（和真正的納許不太一樣）會產生幻覺，並且把一些並不相干的事情想像出關連，因而對身邊的人愈來愈多疑。由於無法擺脫幻覺，使得納許與同事及家人間的隔閡愈來愈大。

精神分裂症是因為患者的腦部產生變化所造成的，而引發變化的原因可能是疾病、受傷或遺傳因素。精神分裂症通常是在患者青春期末或是20歲出頭的時候發作，罹病者男性多於女性。大約有1%的人，一生當中曾經有過精神分裂的症狀。

精神分裂症有一些典型徵兆。在電影中，納許所經歷的幻覺是視覺上的，而真實世界裡的納許，經歷的則是性質滿類似的聽覺幻覺。

雖然這部電影在科學方面大體來說都很正確，但仍有一個重大的錯誤：納許的精神疾病，讓一名好女人的愛情給治癒了。

首先，精神分裂症並不浪漫，而是源於腦部的生理疾病。其次，精神分裂症是有可能痊癒到某個程度——病人可能會有時正常，有時又出現病徵；大約每6名精神分裂症患者中，只有1人的病徵會完全消失。但無論如何，這種疾病的病情為什麼會和緩，目前還不清楚。

「美麗境界」所犯的這個錯誤，令人想起一則古老的迷思，那就是精神分裂症是因為缺乏母愛所引起的。這個已經讓許多證據給推翻的想法，其實一點根據也沒有，它只是徒然讓精神分裂症患者的母親（以及其他親近的人），承擔了沒來由的罪惡感而已。

2000 年上映的西班牙驚悚片「我知道你是誰」，主角是馬利歐，他因為柯薩科夫症候群而喪失記憶，這種病與嚴重的酒精中毒有關。馬利歐無法記得 1977 年以前發生在自己身上的事情，而且也很難形成新的記憶，因此而常常感到困惑。

　　就馬利歐的案例來說，他的記憶缺陷是因為視丘（位在腦核心裡的足球狀區域，功能相當於機場指揮航管的塔台）等部位受損，這種損傷是缺乏維生素 B1 引起的；長期酗酒而導致營養失調的人身上，常會出現這種症狀。

　　關於電影中的失憶症，我們要舉的最後一個例子是動畫片「海底總動員」。這部影片中的病患是一條藍色倒吊魚，名叫多莉。多莉是一隻很友善的小魚，只是她有個和藍納一樣的毛病——很難形成新的記憶，而且只要一分心，就會忘記剛剛的思緒走到哪了。

　　在「海底總動員」中，描述得最真實的地方在於：多莉在求生過程中的那種迷失的感覺，以及她有時候會非常惹人厭，連親朋好友都受不了她。

　　或許我們可以歸納出一點：在有關失憶症的正確描繪中，往往會用同情的角度去呈現患者；而在不正確的描述中，病患則通常都給當成了滑稽、荒謬的人物。重點是，如果能正確的呈現，那些患者的處境總是能令人動容，而且如果處理得好，甚至還能讓觀眾感同身受。

3/ 不可思議的思考中心
來一趟腦袋各部門的參觀之旅

科幻作家畢森（Terry Bisson）的短篇小說《它們是肉做的》，寫到一群長著電子腦的外星人發現了一顆星球——我們的地球，上頭最聰明的生物竟然是用活組織來思考的。這些外星人把我們的大腦說成是「會思考的肉」（是噁心了點，我知道）。

一想到你的腦袋可以製造夢、產生記憶、控制呼吸，並且主宰了你一生中所有的思緒，似乎有些難以置信。不過，這可都是千真萬確的。

如果再想想你這顆腦袋有多大，那可就更神了！具有這麼多功能的腦，竟然可以塞進那麼小的空間裡。在我們腦中的千億個神經元與它們的一些支撐細胞，會利用數量多達天文數字的神經突觸連接點來互通信息，而這一切都是在你那重量不過 1.4 公斤、大小與哈密瓜相仿的腦袋中進行的。

你的腦袋就像哈密瓜一樣……當然，也和你身體的其他部位一樣，都是由細胞組成的。腦細胞可以分為兩種：一種是**神經元**，負責與其他神經元以及身體各部位溝通；另一種是**膠細胞**，負責支撐整個腦組織，讓腦袋順利運轉。

在你的腦袋裡，大約有 1 千億個神經元，它們的外形極長、極瘦，樣子很複雜；另外，還有數量更多的膠細胞。遠遠的看，不同動物的腦袋長相似乎大不相同（你不妨比較一下照片裡，尖鼠與鯨的腦袋模樣），不過它們都是用相同的原理在運作的。

神經元內部的訊號由電流攜帶。包覆著神經元的細胞膜，在內側會有較多的負電荷，這是因為膜內外的正離子與負離子（例如鉀離子與氯離子）的分布

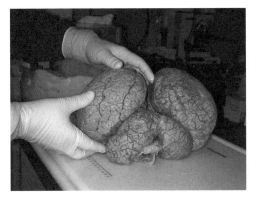

不均所造成的。像這樣的電荷分布不均,會使得膜內外有電位差,於是產生電流;這股電流的大小,基本上,比起會讓你舌頭發麻的乾電池要小得多了。

當神經元要把電訊號從某部分傳遞到另一部分時,會把細胞膜上的通道打開,讓離子通過,於是一股攜帶著電訊息的電流便沿著細胞膜傳送。

神經元的頂端是叫做**樹突**的樹枝狀結構,負責接收輸入的訊息。樹突會將許多不同來源的訊息蒐集到一塊兒;接著,神經元會送出一個電訊號,沿著一長條稱為**軸突**的線狀結構往下走,而軸突能夠產生一個化學訊號,傳給另一個神經元的樹突。這就是神經元彼此間傳遞訊息的方式。

軸突所攜帶的訊號能夠走得很遠;你身上最長的軸突,可以從脊椎一直延伸到腳趾頭。如果要來比一比,目前我們已知最長的軸突是在鯨的身上,大約長達 20 公尺。至於你在前面的照片看到的,腦袋只和硬幣圖案差不多大小的尖鼠,全身最長的軸突就只有 5 公分而已。但是不管腦袋是大是小、軸突是長是短,所有動物體內的電訊號傳播,利用的都是類似的分子,同時也是根據同一套生物原理。

讓我們更仔細的看看上述過程:神經元藉由產生可以持續千分之一秒的小電流,將訊息沿著軸突傳遞下去。這些電訊號稱為棘波,因為在這個過程中,你的神經元會出現突然增加的電流,如次頁圖中一個個突起、像棘刺一樣的波形。棘波——也就是腦科專家所謂的**動作電位**,不論來自烏賊、老鼠或是隔壁

的王大叔，長得都是一個樣。所以啦，這些動物全都是動物演化史上的成功案例。

棘波能以高達每秒數百公尺的速度，沿著軸突將訊號從你的腦袋送到你的手上，速度快得足以讓你即時避開遭狗咬、或者被油鍋燙到的突發危機。神經元就是透過這種方式，幫助所有動物逃離危險，而且是快快逃離。

抵達軸突末端後，棘波就可以交差了。這時候，神經元又得擔起另一項任務：發送化學訊號。腦袋裡的每個神經元

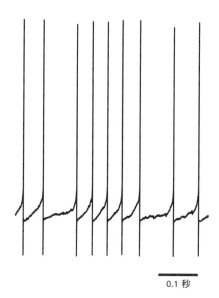

0.1 秒

都能從某些神經元那兒接收到化學訊號，也能將化學訊號傳送給其他神經元。

神經元之間的溝通，依靠的就是一種名叫**神經傳遞物質**的化學分子，它們會因為棘波的抵達而誘發，然後從軸突末端的一些小區域釋放出來。

每個神經元與其他神經元之間的訊息發送與接收，都是透過高達數十萬個化學連接點，稱為**突觸**，來進行的。神經傳遞物質可以黏在位於樹突的突觸受體上，或是神經元的本體上，然後誘發更進一步的電訊號與化學訊號。這一切訊號的釋放與接收，僅僅在千分之一秒之內就能完成，夠神吧！

突觸是你腦袋裡溝通的基本元件。你的思考模式、能力，甚至於個性，都取決於你的這些突觸有多強、數量有多少，以及它們的位置在哪裡而定。

就如同電腦主機板上的連接點，大部分都是用來連接主機的各個元件；突觸也是大部分位於腦袋裡的連結點，用來讓神經元彼此溝通。只有一小部分軸突會在腦袋或脊髓以外的地方形成突觸，以便將訊息傳送給身體的其他器官，包括肌肉。

除了速度快之外，突觸的體積也非常小。一個典型神經元的樹突，寬度大約只有 0.2 公釐，然而分支眾多，它卻能夠接收來自其他神經元的、高達20萬

你的腦袋每天用掉2根香蕉的能量

由於神經元和突觸的效率其高無比，大腦運轉所消耗的能量，僅僅只有12瓦，還不夠點亮你家電冰箱裡的小燈泡；然而你的腦袋所能做的，卻遠超過那顆小燈泡。

一整天下來，你的腦袋用掉的能量，差不多等於2根香蕉所含的能量。有趣的是，雖然我們的腦袋與機械裝置相比，已經是非常高效率的了，但是就生物學層面來說，它卻是能量消耗大王。

腦的重量只占體重不到3%，然而它所消耗的能量卻高達身體總耗能的1/6。先別高興得太早，這可不表示你在絞盡腦汁研讀這本開竅手冊時，應該開開胃，多吃一些點心來儲備能量。因為腦袋所消耗的能量，大部分是用在「待機」狀態，也就是讓你保持在隨時準備思考的狀態。要做到這一點，必須維持住每個神經元細胞膜上的電場，以便因應神經元彼此間的隨時溝通。至於賣力思考所額外耗掉的能量，則小到可以忽略不計。

這麼說吧，我們不妨換個角度來看：既然你得不斷的支出能量，以支持你的腦袋「待機」，何不乾脆開開竅，好好利用它呢！

個突觸輸入的訊息。

事實上，在你每1立方公釐的腦組織中，就有多達10億個突觸。個別來看，每一個突觸是這麼的微小，小到幾乎沒辦法完全達成任務，因此突觸通常很不牢靠，使得傳來的棘波往往無法成功的讓神經傳遞物質釋放出來。

突觸會小到這麼不堪用，實在奇怪，但這似乎是自然界普遍的現象。在

青蛙的心跳，讓神經科學家得到諾貝爾獎

讓我們回到1921年，當時大家還不太清楚細胞之間是怎樣溝通的，當然，就不用說瞭解得更少的神經元了。

有天，德國科學家羅伊（Otto Loewi, 1873-1961）在研究心臟如何接收訊號，好知道要加速或減速的時候，他觀察到一個很關鍵的現象。羅伊因而相信，迷走神經能分泌某種物質來減慢心跳。（迷走神經是來自腦幹的一條很長的神經，最後連到心臟上，它是12對腦神經當中的第10對，是最主要的副交感神經，參與無數自動自發的生理功能，例如心跳、消化。）

羅伊在實驗室裡，小心翼翼的把青蛙的迷走神經與心臟相連處切開。接著，當他用電流刺激這條迷走神經時，青蛙的心跳竟然變慢了。為什麼會這樣呢？羅伊的假設是，這條神經會釋放出某種物質造成這樣的效果，只是他不知道該如何設計實驗，來驗證這個想法。

腦袋打結的羅伊，當時採取了許多人都會用的對策：把問題暫時擱下。某天夜裡，他從夢中醒來，發現他知道該怎麼設計那個實驗了，於是滿心歡喜的繼續倒頭大睡。第二天早晨……他竟然什麼也想不起來！

羅伊實在沒辦法記起那個夢裡的實驗，所以當他很好運的又再度做了那個夢時，馬上就把點子寫下來。但很不幸的是，次日早晨，他竟然沒有辦法辨識自己的字跡！還好幸運之神第三度眷顧他，不久羅伊又做了一次同樣的夢。這次，他可不再等了，他馬上爬起身，跑到實驗室去，立刻著手進行那個讓他後來榮獲

1936年諾貝爾生理醫學獎的實驗。

羅伊的實驗其實很簡單，他把兩隻青蛙的心臟分別放進兩個以細管相連的瓶子裡；其中一個蛙心的迷走神經沒有切斷。當他用電流刺激那個還帶著迷走神經的蛙心時，它的跳動就變慢了。一會兒之後，另一個瓶子裡的蛙心的跳動也開始變慢。

這個非常簡單的實驗證明了，有一種被羅伊稱為「迷走物質」的東西，由其中一隻蛙心的迷走神經釋放出來，而讓另一隻蛙心的跳動也跟著變慢。我們現在將這種「迷走物質」稱為乙醯膽鹼，那是神經元用來互相溝通的幾十種神經傳遞物質之一。

許多不同種類的動物腦袋裡，突觸都有這種最小化的趨向，不管是老鼠還是人類。雖然目前還沒人能確定，究竟突觸為什麼會演化成又小又不可靠，但科學家推測，最可能的原因是：堆集超多的突觸，可以讓腦袋運作得更好。或許這是為了要將最多的功能塞進最小的空間中，不得不做的取捨。

倘若腦袋得擔起多項責任，神經元就必須各司其職，完成各種非常特別的任務。每個神經元幾乎都得專門回應少數幾個事件，例如聽到某個特定的聲音、看見某人的臉、或者執行某項特定動作，又或是完成其他一些從外表觀察不出來的程序。

任何時刻，在你所有的神經元當中，都只有一小部分是活躍的，而且它們是分布在你的整顆腦袋中；但是隨著腦袋的反應不同，活躍的部分也不相同。其實思想這件事，說穿了，就是看你腦袋裡的哪些神經元很活躍，以及它們對彼此和對外界又說了些什麼。

所有動物的神經元，都可區分成許多組別，組內成員具有同樣的工作目

用什麼比喻腦袋最貼切？絕不是電腦！

人老是喜歡用最新科技來描述腦袋，曾經出現過的比喻包括蒸汽機、電話配線盤等等。如今，大夥兒最愛把大腦描述成一種生物電腦——具有軟趴趴的粉紅色「硬體」，以及人生經驗所製造出來的「軟體」。

但是，電腦是由工程師設計出來的，而不是大自然演化出來的。電腦是一種以邏輯程序來運作、像工廠般運轉的裝置。大腦可就沒那麼井井有條，大腦的運作與其說像是電腦，不如說像是一間忙碌不堪的中餐廳，裡頭又擠又亂，一堆伙計漫無目標的在那裡跑來跑去，但最後總能把事情辦妥。

此外，電腦的資訊處理多半是順序式的，然而大腦卻能同時、平行的處理來自多管道的資訊。由於生物系統都是經過天擇發展出來的，往往疊床架屋，具有很多層基於相同目的而衍生的系統，然後這些系統又能夠適應另一項目的，即使並不完全管用。

工程師如果有時間來修正電腦，他會寧可從頭開始，研發一部全新的。但是就生物的演化來說，與其重新設計一個新系統，不如讓一個老系統去適應新目的，還更為容易些。

你不用抱怨腦袋的設計太守舊，它有太多功能是最新先進的超級電腦也做不來的。你繼續翻閱《大腦開竅手冊》，就會知道我們為什麼這樣說。

標，像是偵測視覺運動，或是控制眼球轉動等等。在我們的腦袋裡，每一組可以擁有幾十億個神經元，裡頭還包括非常多的小分組；在老鼠的腦袋裡，則只有數百萬個神經元，小分組的數量也較少；至於烏賊或昆蟲，牠們的腦袋只有數千個神經元，不過，在這些小型動物的腦袋裡，每個神經元的不同部位，都有辦法同時做好幾件事。

科學家起初是因為研究腦部受損的病人，才漸漸得知腦袋不同部位的功能。有點悲哀的是，最豐富的數據主要來自第一次世界大戰時。腦部受傷的軍人通常還能活命，是因為高速子彈會燒灼他們的傷口，讓他們不至於失血過多而喪命，甚至還能避免感染。然而，這些腦部受創的軍人往往會表現出一些令人費解的症狀，這通常視他們受損的部位而定。

現代的神經科學家，仍然持續發表關於腦部受損病患的研究論文，只不過病患大都是因為中風而受損。事實上，有些病人還因為損傷的部位過於罕見，所以能靠著做為醫學研究的對象，而支領酬勞過活。

神經科學家還有幾條途徑，可以研究神經元在做什麼，例如調查它們在不同狀況下的活動情形、刺激它們並且追蹤它們與腦部其他區域的連結。譬如，脊髓裡的運動神經元，能夠從大腦皮質負責產生基本運動指令的神經元那兒，接收到指令，然後這些脊髓神經元會將訊號送到肌肉那裡，使肌肉收縮。如果科學家用電流刺激脊髓裡的該運動神經元，同樣的肌肉便會收縮。

把這些結果兜起來，很顯然可以告訴我們：脊髓運動神經元會負責執行腦部所下達的運動指令，雖說這些指令專門針對哪些運動，目前還有爭議。

想了解你的腦袋，你得先來一趟各部門參觀之旅，看看它們都在做什麼。腦幹位於腦袋的底部，與你的脊髓相接；腦幹負責控制攸關生死的基本功能，像是頭與眼的反射運動、呼吸、心跳、睡眠、性興奮以及消化。這些任務非常重要，只是你通常不會注意到它們正在進行。

位置再高一點，就是下視丘了，下視丘同樣負責控制攸關生死的基本活動，不過它的工作有趣多了。下視丘的責任範圍包括：釋放壓力與性激素，調節性行為、饑餓、口渴、體溫和睡眠週期。

各種情緒，尤其是恐懼與焦慮，都是杏仁體的責任。腦袋裡頭這個杏仁狀的區域，位置比耳朵稍高一些，它能引發「戰或逃」（fight-or-flight）反應，讓動物逃離危險或是挺身應戰。

位於杏仁體附近的海馬，負責儲存有關事實與地點的資料，是長期記憶不可或缺的部位。小腦是大腦後方一塊滿大的區域，負責整合感官訊息以協助運動。

感官訊息能進入我們的身體，是透過眼睛、耳朵或皮膚，以棘波的形式來到視丘。視丘位於大腦中央，負責過濾資訊，然後把它們以更多棘波的形式，傳送給皮質。

皮質是人腦中最大的部位，約占腦的總重量的3/4強，形狀很像一床皺巴巴的被窩，包裹在大腦頂端及四周。大腦皮質的形成，始於哺乳動物演化之初，大約1億3千萬年前，而且它在大腦中所占的比重，從老鼠到小狗、再到人類，是愈來愈大喔。

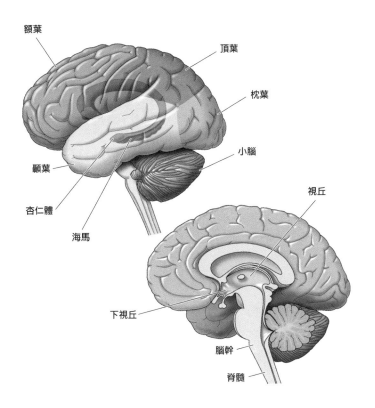

額葉

頂葉

枕葉

小腦

顳葉

視丘

杏仁體

海馬

下視丘

腦幹

脊髓

　　科學家將大腦皮質分為四個部分，稱之為「葉」。枕葉位於你的後腦杓，負責視覺感知。顳葉位在你的兩耳上方，與聽覺有關，而且包含了負責理解語言的區域；此外，顳葉也與杏仁體及海馬互動密切，對於學習、記憶以及情緒反應都非常重要。

　　頂葉位於大腦的頂部兩側，能接收來自皮膚的感覺，同時還能將所有的感覺整合起來，然後決定應該把注意力擺在哪裡。額葉（想必你不難猜出它的位置），負責下達運動指令，其中還包含了產生語言的區域，同時也負責依照你的目的與環境，來選擇適當的行為。

　　加總起來，你腦袋裡的這些能力，決定了你如何以自己的獨特作風，來與外界互動。在本書其他章節，我們將帶你逐一檢視這些能力，並且就我們目前所知道的，幫助你瞭解：你的腦袋如何完成每天的任務。

4
生理時鐘掛在哪裡？
有人一天23小時，有人25小時

　　還記得小時候隔壁張叔叔曾經跟你打賭，說你絕對沒辦法一邊走路、一邊嚼口香糖？打這種賭或許很可笑，但是當你從他身上贏得那點兒賭金時，你已經證明：你真的是一種高智能動物。

　　不管是走路或嚼口香糖，都展現你的腦袋有能力產生一種節律。動物體內天生具有各種長短不一的週期，從幾秒鐘（心跳、呼吸），到一天（睡眠），到一個月（月經週期），甚至更久（冬眠）。這些節律都是由內建的生理機制所產生，然後根據外界活動或指令來做調整的。

　　你可以同時產生好幾種有節律的動作，顯示你的頭腦有辦法同時進行多套動作模式，而且不同的模式通常是各自獨立的。

　　行走牽涉到一組需要合作得非常密切的動作：首先，你的左腳會接受指示抬高，往前移，然後降低，而你的身體也會同時往前移；緊接著，你的右腳也跟上來了。這一套動作的執行不僅要按照次序，還要連接得很平順。這些動作指令，主要由你脊髓裡的一個神經元網路所產生，這個網路中的神經元會一起運作，稱為**中樞模式產生器**；之所以稱為中樞，是因為指令從這裡產生，然後傳送給肌肉。

　　這種「模式產生器」可以自行獨立運作，所以沒了頭的蟑螂和雞，依然能夠進行走路這個動作，只不過牠們還是需要腦袋來協調所有事項，才能克服路上的障礙。

　　咀嚼則是由另一個神經元網路所主導的動作，這個網路分布在你的腦幹

你走路的時候，其實總是瀕臨跌倒邊緣，只是你不見得能察覺。
每踏出一步，你都向前傾跌了一些；
然後你馬上能調整回來，不至於真的跌倒。
於是一而再的，你快要跌倒、然後又及時避免跌倒。
這就是你如何能做到邊跌邊走的方式。

蘿芮・安德森／Laurie Anderson，*Big Science* 專輯中的歌詞

裡，能夠引發反覆的顎部運動。行走與咀嚼都是由可以獨立運作的網路來操控的；當然囉，同時進行也絕對沒問題。

趁我們太為自己得意忘形之前，有一件事不可不知：產生重複模式其實是所有動物的共同特徵，不是人類獨有的。譬如，八目鰻充滿韻律的游動；科學家曾經研究過這種沒有口顎的魚，牠的長相很奇怪，好像一隻細長的襪子，開口端長了一圈牙齒。

科學家也研究過龍蝦的韻律性咀嚼動作，龍蝦是一種神經系統相當簡單的動物。龍蝦有趣的地方在於：牠的兩種咀嚼模式都是由同一個網路來指揮的，而且這個網路中，只有30個神經元，這些神經元終其一生都在調整自己以及彼此之間的連結。（說到龍蝦，如果將牠們配上融化的奶油，那可真是美味啊……）

前面提到的各種模式，有些是自主性的，例如你的心跳與呼吸；但是這些節律還是可以控制的。譬如說，你的心跳律動雖然由心臟自己產生，但也可以按照你的中樞神經系統所下達的指令，來加快或減慢。

至於負責讓你呼吸的神經元網路，位於你的腦幹裡，同樣也可以完全自主運作——你通常不用刻意去提醒自己要呼吸；但是有需要時，你還是可以屏氣或是深呼吸。

有一種特別管用的節律，科學家發現幾乎所有研究過的動物都有，那就是你每日的「睡／醒週期」，又稱晝夜節律。晝夜節律能幫助動物預期何時會有光、熱與食物。晝夜節律通常能獨力運作，一個週期大約是 24 小時，但也可以根據修正後的日照時間來重新設定。這種週期大致上與每天的晝夜變換同

克服時差，幫你的腦袋曬一些午後的陽光

當你出遠門旅行時，你的生理時鐘有辦法用「每天偏移大約1小時」的方式，來重新設定，以便再度與你身處的環境維持同步。當然啦，如果你夠了解晝夜節律，就能找到更快克服時差的方法。

調整你腦袋裡的時鐘最好的辦法，莫過於利用光線。服用褪黑激素雖然也是個選擇，但這是比較不理想、最好只拿來當備胎的計畫。無論你想用這兩種方法中的哪一個，都會比你只是提早或延後起床來得有效，也比你不知從哪兒聽來的祕訣（例如做運動）管用得多。

該怎麼利用光線或褪黑激素來調整時差？以下是我們提供的實用訣竅。

│ **來一點午後的陽光** │調整晝夜節律最好的辦法，就是選在你的腦袋能受到光線正確校準的時候，來一劑日照。在每天的不同時段接受光照，會對你的晝夜節律產生不同的功效；就像盪鞦韆時，你出手推鞦韆的時機決定了鞦韆會變快或變慢，是一樣的。

在早晨（或者說，當你的腦袋認為該準備起床時），光線能幫助你清醒。所以，如果在這個時候接受光照，就能幫助你第二天早一點起床。這就好像是讓光線來告訴你的身體：該起床了，這個時候是早晨沒錯！

相反的，如果在夜間接受光照，會讓你更晚睡晚起。因為這

就好像是光線在告訴你的身體：白天還沒結束呢，你得維持清醒更久一點！

　　所以，當你往東方飛行時，例如從台灣飛往紐西蘭，應該要比你原先的起床時間早起一些，到戶外充分享受幾個小時的陽光。在你的目的地，這個時候要曬曬太陽應該不難，因為那大致上恰好是當地的下午時分。這樣做將能幫助你第二天更容易早起。

　　如果你向東飛越了超過8小時的時區，那麼請記得，在當地早晨第一件事（如果你勉強爬起來了的話），就是要避免光照。因為那對你的腦袋來說，原本應該是黃昏時分，此時接受光照將會把你的生理時鐘往錯誤的方向推。

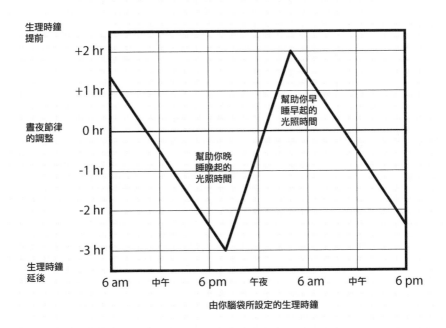

反過來，當你朝西方飛行時，例如從台灣飛往中東或歐洲，記得要在你覺得昏昏欲睡時，趕快補一劑強光。也就是說，要趕在你的腦袋要你去睡覺之前，提醒它：時間還沒到呢！

覺得有點複雜嗎？有一個很簡單的方法可以記住上面的規則：在你抵達目的地的第一天，下午去曬曬太陽。接下來的每一天，因為你腦袋裡的生理時鐘已經開始調整了，你可以視情況，把每天曬太陽的時間往前挪一些些。

｜睡覺時，關掉你的床頭燈｜要強化你腦袋裡內建的早晨或黃昏的感覺，通常並不困難，因為當你需要光線時，室外也正好是白天。然而很重要的是，你還是要小心，避免在錯誤的時間接受光照，因為這樣會讓你的生理時鐘往錯誤的方向設定。

所以，如果你夜裡無法成眠，千萬不要開燈！人工光源在設定生理時鐘方面的功效，雖然不像日光那樣強，但最好還是能免則免。

｜提早因應才是上策｜如果你實在不得不這麼瘋狂，要繞過大半個地球，例如從孟買飛往舊金山，或是從東京飛到紐約，那麼你最好事先決定要朝哪個方向去調整你的生理時鐘（每天延後一點，或是每天提早一點），然後貫徹執行到底。

對於大多數人來說（但不是所有的人），比較容易的做法是每天晚一點上床、晚一點起床，並且要在每天的傍晚時分曬曬太陽，就好像你是朝著西方飛行一樣。

｜褪黑激素只有在向東飛行時有效｜ 藉由光照引發身體製造褪黑激素，需要一些時間。所以，你也可以在晚上服用褪黑激素來誘導睡眠，並且讓你的生理時鐘為進入下一個週期，預做準備。這是因為我們的生理時鐘，會使體內的褪黑激素在黃昏時分增加。

配合你身體的晝夜節律，在正確的時機服用褪黑激素，對於調整時差小有幫助。當你的身體覺得睡覺時間快到的時候，服用一劑褪黑激素，將能幫助你第二天早起一些；同時也能幫助你第二天晚上早一點入睡。

當你向東方飛行，你必須在你目的地的黃昏時分服用它，或甚至要在半夜再加一劑。不過，基於某些未明的原因，褪黑激素只會在你朝東方飛行時發揮效用。

利用褪黑激素來調整時差的效果，其實很小，它只能幫你每天提早大約1小時醒來。運動的效果也好不到哪裡去，但是如果你想要試試這一招，就必須在該服用褪黑激素的時機做運動。

步，而晝夜的資訊則是由你的眼睛來偵測。

你的晝夜節律會調節你身體的一些活動，包括什麼時候想睡覺、體溫的上下波動，以及什麼時候會覺得肚子餓了。

不過，晝夜節律也同樣能夠惡整你——幾乎所有曾經搭飛機長程旅行的人，都碰過時差這個問題。我們有個現成的例子：這本書有一部分是在義大利的一個研究中心裡寫出來的，我們都愛死了那裡的優美景致，也很高興有機會暫時避開每天的例行工作，專心寫書。可是我們在初到義大利時遇到了小麻

小心，別讓時差傷害你的腦！

一再的經歷時差，不只會造成生活困擾，還會危害到你的頭腦健康。頻頻穿越多個時區的人，可能發生腦部損傷及記憶力方面的問題。

在一項為期5年的調查研究中，科學家比較了頻繁進行長途飛行的空服員（每次間隔不到5天），與沒那麼頻繁進行長程飛行的空服員（每次間隔大於或等於2星期，說真的，比起一般人，這樣也夠頻繁的了）；這兩組空服員的飛行總里程數是一樣的。研究結果顯示，短間隔飛行的空服員，大腦顳葉的體積比較小。而我們知道，顳葉與學習和記憶有關。

此外，短間隔飛行的空服員在記憶測驗方面，也容易遇到困難，這暗示了頻繁的長途飛行可能損害了他們的頭腦。

像這樣的腦部受損，可能是因為壓力激素造成的，這種激素在身體遇到時差時就會釋放出來，而且已知對顳葉和記憶力會造成損害。幸運的是，除非你在航空公司任職，否則你應該不用太過擔心這個問題，因為一般人很少會以低於2星期的間隔，頻繁的飛越多個時區。

不過，那些經常換工作的人可要注意了。工作環境的劇烈變動，其實就像長程飛行飛越多個時區一樣，對於身體與大腦都會造成一定的壓力。

煩：我們發覺自己總在半夜 3 點鐘寫作，而吃早餐時，雖然我們和其他房客有不少趣味盎然的交談，但卻常常累得眼睛都睜不開。

時差是現代交通的產物，因為騎馬、乘狗雪橇、甚至是開車旅行，速度都慢得足夠讓晝夜節律自行調整，以便與當地時間同步。事實上，關於時差的報告，最早是在 1931 年提出的，當時兩位飛行先驅，普思特（Wiley Post）與蓋提（Harold Gatty）以將近 9 天的時間，完成了環繞世界的飛行。他們兩位所經歷的症狀，我們現在都很清楚了：沒法入睡、昏昏沉沉、警覺度降低，以及消化方面的問題。

當外界的日夜週期與你體內的晝夜節律不一致，你就會出現時差問題。結果就是，在你應該清醒的時間，你的腦袋卻想要睡覺，反之亦然。我們的腦袋裡有一個主時鐘，會幫身體設定體溫、饑餓以及睡眠的節律，但如果你有時差問題，這些節律就無法同步，可能讓你產生像是深更半夜覺得肚子餓之類的症狀。

光照如何影響晝夜節律，可以用盪鞦韆來解釋。大家都玩過盪鞦韆吧？如果你的玩伴正在盪鞦韆，你可以推它一把，讓鞦韆的擺盪產生變化。你如果是在鞦韆往上時推它，就會幫鞦韆加速；而如果是在鞦韆退回來時推它，鞦韆就會減速。

同樣的道理，你可以藉著曬太陽，來將你的晝夜週期起始點提前或是延後。當然，要解決時差問題，你得選對曬太陽的時間才可以。

日光之所以能影響晝夜節律，是因為它能驅動大腦底部一個叫視叉上核的小區域裡的活動週期，這個小區域扮演的就是主時鐘的角色。視叉上核會接收眼睛傳送過來的訊號，並產生自己的節律。

事實上，取自視叉上核的細胞在培養皿中生長時，會以大約 24 小時為一個週期，產生加快或減慢活動的模式。這些細胞是維持正常的晝夜節律所必須的；動物的視叉上核如果受損，清醒和睡眠的時間會變得很奇怪。

光線可以引發身體產生褪黑激素，這種激素是由松果腺製造的。松果腺就掛在你的大腦底部，靠近下視丘，體積大約和豌豆相仿。褪黑激素的生產量會

早起的公雞、夜貓子，都是天生注定

覺得自己在每天大清早或是夜深人靜時，工作效率特別高的人，可能是因為天生的晝夜節律不是剛剛好24小時。

週期接近23小時的人，比較喜歡早起，因為這些人的身體已經等不及要開始新的一天了；反觀週期接近25小時的人，他們通常還在那裡賴床，猛按鬧鐘的貪睡裝置。

晝夜節律的週期長短不同，可能也會讓人產生不同的時差問題。根據統計，多數人會覺得被迫早起（就像是朝向東方飛行）比較困難；而覺得被迫晚起（就像是朝向西方飛行）比較困難的人，則是少數。

科學家推測，如果在向東飛行時遇上時差的調適困難，可能與體內的週期超過24小時有關。如果真是這樣，那麼愛早起的人在朝西旅行時，碰到的困難應該會比較大，而夜貓型的人則是在朝東旅行時，比較容易遇上麻煩。不管你是屬於哪一型，這都與你天生的生理時鐘有關。

我們想測試一下前面的推測正不正確，你可以幫我們一個小忙：只要回答下面的小測驗，看看你的結果是不是如我們所預期的。請你到我們的部落格http://welcometoyourbrain.com，將你的答案回報給我們，你也可以在那裡順便看看其他人的測驗結果如何。

測驗如下：

1. 一天當中，你在何時警覺度最高？
   (a) 早晨　　　　　(b) 傍晚或夜間
2. 往哪一個方向的長程飛行的頭2天，你會覺得較難調適？
   (a) 往西方　　　　(b) 往東方

答案分析如下：

我們的假設是，大部分人都能歸入下面兩大類：

天生晝夜週期短於24小時者（也就是愛早起的人），他們的答案應該是：

1. (a)　　　　　2. (a)

天生晝夜週期長於24小時者（也就是夜貓型的人），他們的答案應該是：

1. (b)　　　　　2. (b)

在黃昏開始增加，在你將入睡時達到最高峰，到了清晨你快要睡醒時，又會開始降低。

　　順便提一下，松果腺還有一段頗浪漫的歷史呢。幾百年前，哲學家笛卡兒曾經認為松果腺就是人的意識根源，因為我們全身上下只有一個松果腺，而這世界上也只有一個你。這個想法當然是錯的，而這一點剛好可以證明，即便是最聰明的人，如果毫無根據的發表言論，還是會犯錯的。

　　大部分人的晝夜節律都不是剛剛好 24 小時，但我們通常不會注意到，因為太陽可以幫助我們的身體校正時鐘、按表操課。科學家經過實驗發現，如果把人關進一間沒有任何光線可以提示時間的暗室裡，他們的作息時間會逐漸偏離常軌，最後變成在與眾不同的奇怪時間起床、吃飯以及睡覺。

　　盲人沒有辦法從眼睛接收光線，沒法將校正時鐘的訊號傳遞給大腦，因此他們通常會經歷像上述的晝夜節律偏移。所以，盲人的睡眠常常會斷斷續續的。這種現象告訴我們，單靠生理活動以及社會習俗，還不足以讓人體的節律維持與晝夜變換同步。

　　科學家從終其一生都居住在漆黑洞穴裡、視力已完全退化的魚類身上，也發現類似的情況──牠們似乎從來不睡覺。依賴日光來進行日常作息，確實是大自然共通的法則。

5
減重為什麼這麼難？
腦袋說：多長點肉，才能活命！

有件壞消息我們得告訴你：如果你發福，你的腦袋將不會伸出援手；因為從演化觀點來看，肥胖遠比餓死好得多。

當然啦，你的腦袋要是夠聰明，理論上應該也要考量現代世界的食物來源已經夠充裕，而且肥胖每年可能奪走數十萬人的生命。然而我們的腦袋偏偏不是這樣設計的，因此我們只能學著去適應我們的體重調節系統，而它們是在亟需儲存食物的環境裡發展出來的。

由於體重調節的重要性非比尋常，因而在你體內有好幾個相互重疊的系統，忙著幫你把體重維持在你的腦袋會滿意的水平，也就是所謂你的體重「設定點」。譬如說，科學家已經知道有十多種神經傳遞物質，會叫身體增加重量，但同時也有十多種物質會叫身體減輕重量。

當你刻意少吃，試著改變體重時，腦袋會使出幾招詭計，讓你的體重維持在它喜歡的程度。第一招是降低你的基礎代謝率；所謂基礎代謝率是指當你靜靜的坐在那兒不動時，你的身體所消耗的總能量。另一招則是讓你餓，你會因此而想要吃得更多。最後，你的腦袋甚至還會騙你，使出我們在第1章提過的花招。於是，當你發覺自己竟然在盤算「從別人的盤子裡一小口、一小口的挖蛋糕來吃，熱量應該不高」時，你已經中了腦袋的詭計啦！

腦袋會用很多指標來追蹤你身體所需的能量。有一種叫做瘦身素的激素，就是由脂肪細胞製造、釋放到血液中的。瘦身素不只會向腦袋報告你的體內含有多少脂肪，還會報告脂肪含量的變化。

少吃一些，多活幾年

1930年代，科學家發現齧齒動物如果維持低熱量飲食，壽命比起自由進食的同伴，大約增長50%。同樣的效果也出現在酵母菌、蠕蟲、蒼蠅、魚類、狗、牛、甚至猴子身上，雖然壽命增加的幅度各有不同。

限制熱量對於齧齒類及猴子，不但可以減少癌症、心血管疾病以及其他老化相關病症的發生，而且還能保護齧齒動物的腦袋，不受實驗室誘發的亨丁頓氏舞蹈症、阿茲海默症、帕金森氏症以及中風的侵略。

要研究人類的壽命變化很難，因為我們的壽命相對於其他動物算是很長了，但是仍然有證據顯示，限制熱量的攝取，對於健康確實有一些好處，例如降低血壓與膽固醇。

請注意，我們現在講的是**熱量真的很低的飲食**——該有的營養成分，像是維生素與礦物質，樣樣俱全，但總熱量只有正常飲食的2/3。

另外有一種「挨餓後暴食」策略，也可以達成類似的效果。這種方法是一天完全不吃東西，次日則吃進雙倍熱量的食物，因而攝取到的總熱量是正常的。雖然大多數人都沒有辦法長期執行這種飲食法，但是有幾位研究長壽的專家已經身體力行好幾年了。

限制熱量之所以有效，似乎是因為影響到胰島素發送訊號的

路徑。熱量受到限制的小鼠，血液中的胰島素含量遠低於牠們那群吃得很飽的兄弟姊妹，而且牠們的身體對於胰島素也敏感得多。

在正常飲食的狀況下，身體對胰島素的敏感度會隨著年齡增加而降低；如果時常攝取高熱量飲食，這樣的效果更加顯著。一旦身體對胰島素的敏感度降低了，那可是壞事一樁。事實上，對於胰島素的敏感度降低，正是第二型糖尿病的預測指標。

科學家發現，紅酒裡有一種叫**白藜蘆醇**的化學物質，能讓齧齒動物製造更多的**抗衰老蛋白質**受體。抗衰老蛋白質是一種信號分子，與限制熱量所引起的變化有關。

對於採用高熱量飲食的小鼠，白藜蘆醇能夠促進健康並延長牠們的壽命。雖然白藜蘆醇這種化學物質並不能防止小鼠的體重增加，但是卻能讓牠們的壽命平均增長15%。

我們也很喜歡紅酒，但是請先不要冀望太高，因為這項研究所採用的劑量，若用在人體，相當於每天500瓶紅酒。另外還有一項研究報告說，服用白藜蘆醇的小鼠，能在跑步機上展露更優異的運動身手，不過這些小鼠服用的劑量可是高得嚇人：相當於人類每天喝下3000瓶紅酒！

別說是一天了，即使是一年我們也喝不了這麼多。不過，至少到目前為止，這些研究多少為你的子女與孫子女提供了一線希望；雖說在現階段，還缺乏足夠的證據，來支持這些延年益壽策略的安全性及有效性。

　　當你體內的脂肪減少時，血液中的瘦身素含量會立刻陡降，通知你的腦袋：身體需要更多能量。像這樣的瘦身素含量陡降，會引發饑餓感，讓你再度胖回來。相反的，當瘦身素含量增加時，動物便會減少進食，而使體重減輕；在這種狀態下的人，則通常會覺得比較不餓。

　　科學家發現，腦袋中的瘦身素受體位在下視丘內的弓狀核，而下視丘是好幾個基本系統的重要調節者，包括體溫與性行為。此外，瘦身素對於腦袋及身體的其他部位，同樣有作用，能夠影響代謝及脂肪儲存的調節。

　　胰島素是另一個重要的訊號，能告訴你的腦袋目前體內儲備的可用脂肪有多少。飯後由胰臟釋放進血液中的胰島素，能通知許多種細胞去攝取血液中的葡萄糖，同時儲備能量。雖然胰島素在一天當中各個不同時段的含量變化，比瘦身素來得大，但是一般說來，在纖瘦的動物體內循環的胰島素含量，比胖動物來得低。

瘦身素是一項很好的皮下脂肪測量指標，胰島素則與內臟脂肪的總量有關，而堆積過多的內臟脂肪，很容易讓人罹患糖尿病、高血壓、心臟血管疾病及多種癌症。

　　你的腦袋並不喜歡從庫存中提取脂肪，來支付每日生活所需的能量，反而寧願把它們省下來應付緊急狀況。這是一種長程策略，就好像你不會輕易挪用退休金戶頭裡的錢，來付汽車的油錢一樣。

　　於是，在下視丘和腦幹裡，就有神經元負責監視體內有多少能量可供使用，以便控制進食。例如，脂肪酸和一種名叫 YY 肽的激素，能夠直接作用在神經元上，以減少進食；而另一種叫做饑餓素的激素，則會在進餐時釋放出來，以增添饑餓感，讓你多吃一點。這些調節系統，再加上一些目前還沒發現的其他系統，交互作用的結果，就決定了你的腦袋偵測到的是「體內能量不足」還是「體內能量過剩」。

　　瘦身素、胰島素、饑餓素以及其他激素，都是經由影響弓狀核內的兩組功能相反的神經元，來發揮它們在腦部的作用。其中一組稱為黑色皮質素神經元，能藉由減少攝食量以及增加能量消耗，來減低體內的可用能量。而另一組神經元，稱為神經胜肽 Y 神經元，卻能藉由促進攝食及減低能量消耗，來增加體內的可用能量。瘦身素的作用，就是直接活化黑色皮質素神經元，並抑制神經胜肽 Y 神經元。

　　不過，這個過程還要再複雜一些，因為神經胜肽 Y（促進攝食的）神經元也能強烈抑制黑色皮質素（反對攝食的）神經元。反過來黑色皮質素神經元卻無法直接影響神經胜肽 Y 神經元。這樣看來，這個大腦迴路顯然是偏向要你吃多與長胖哪！

　　科學家還發現，腦幹裡也有黑色皮質素神經元。腦幹主要負責調控呼吸和心跳等基本功能，而腦幹裡的孤立徑核則能夠接收來自腸道神經的輸入訊息。這些訊息牽涉到腸道的擴張與收縮、消化系統裡有哪些化學物質，以及該釋放出哪些神經傳遞物質。接著，孤立徑核便把訊息傳送給下視丘，包括弓狀核。

　　在這樣的過程中，腦幹神經元似乎扮演了一個特別重要的角色，那就是藉

 實用訣竅：

給減肥族的忠告：多管齊下，騙過你的腦

當你一心想減肥時，如果你的腦袋跟你作對，你該怎麼樣做，才能達成目標呢？

首先，你在擬定減重計畫時，就要把你腦袋的反應納入考量。最重要的是，你必須盡可能將基礎代謝率維持在高檔。這意味著，你必須找出一個可以持續進行的策略。

你的腦袋總是會自動朝向它所設定的目標前進，所以你在飲食及運動習慣上所做的任何改變，都要持之以恆；否則暫時性的改變，只能帶來暫時性的效果，道理就是這麼簡單。這個方法或許聽起來不如一度盛行的水果減肥法那麼亮眼，但是它有一項滿實際的優點：它有效！

你的基礎代謝率能決定身體在靜止狀態時，可以燃燒多少熱量。極嚴格的低熱量飲食，從長遠來看，永遠不會奏效，這是因為在我們人類漫長的演化歷程中，可能性相當高的餓死風險，已經幫我們造就出一顆「極擅長保持體重不流失」的腦袋。你的腦袋為了達成這個目標，早已建構出好多方法，其中之一就是在遇上饑荒時，減低基礎代謝率。很誇張的是，有些人的基礎代謝率可以降到只有原來的45%。

如果你在每天攝取2000大卡的情況下，體重維持穩定，那麼當你嘗試以每天只攝取1200大卡來減重，腦袋內建的代謝補償機制便會插手，結果你的體重很有可能還是維持不變，而你只會覺得日子更難過了一些。更糟糕的還在後頭，因為等你受不了挨餓，一增加攝食量，你那還來不及調整回去的基礎代謝率，很有

可能讓你的體重迅速增加。

　　或許你不知道，除了饑餓，睡眠不足也會大大降低你體內的代謝率。所以如果不想增胖，睡眠充足也很重要。減重的另一個敵人是壓力，因為壓力激素「腎上腺皮質素釋放因子」會使身體的能量平衡，往保守的方向走。還有，當你的身體老化時，代謝通常也會變慢，這也是為什麼人會隨著步入中年，逐漸增加體重，平均約每年增加0.5公斤。

　　運動是對付上述種種狀況最有效的方法，原因不只是運動會消耗你體內較多的能量，同時也因為運動讓你增添肌肉，而肌肉在靜止時所燃燒的能量超過脂肪。運動能將你的基礎代謝率提升約20%到30%，而且效果可持續15個小時。瑜伽就是一項很好的運動，許多人發現，練瑜伽還能夠減輕壓力。

　　大大飽餐一頓，所增加的體重與累積的脂肪，會超過把同樣的熱量分成幾小餐來攝取。因此你應該「少量多餐」，把你打算攝取的總熱量分成好幾小餐，在一天當中適當分配，而不要一天只吃一大餐或兩大餐。

　　有一項研究顯示，接受實驗室飲食控制的人，能藉由在早晨進食，來提升基礎代謝率；他們能夠在每天多攝取200到300卡熱量的情況下，仍然維持體重。這表示：一小頓早餐可以換來代謝率的提升，而抵消了這頓早餐的熱量；而且，攝取同樣熱量的人，如果是在早晨吃的，會比在晚上吃的人，體重少增加一些。

　　當然啦，記住你每一餐的熱量都要少一點，還是很重要的。不管你在什麼時間進食，你所攝取的總熱量仍舊是決定體重的主要因素。

另外，體重不斷增增減減的人，會更難保持穩定的健康體重。有一項研究證實，凡是減重超過5公斤以上的人，必須永遠比一向苗條的人少吃，才能維持不胖。另一項研究也顯示，曾經體重過重的人，必須比一向纖瘦的人少攝取15%的熱量，才能維持同樣的體重。

　　和一般人想法不同的是，正確的飲食並不表示一定得放棄口福來挨餓。如果你老是覺得肚子餓，你的飲食方式大概是沒弄對。由於我們腦袋中的饑餓感應器，既會對腸胃的飽漲感起反應，也會對血液中的脂肪與糖起反應，所以想減低饑餓的感覺，不能只是用低卡食物去填飽肚子就夠了，你不妨試著將大量的低卡食物，例如生菜沙拉或蔬菜湯，配上少量的脂肪，讓血液中多一點點脂肪與糖。

　　基於以上種種理由，你能送給子女的最佳禮物之一，莫過於從小養成他們健康的飲食習慣。因為早期與食物接觸的經驗，會影響成年人的飲食偏好。有許多人都會把兒時養成的飲食習慣，帶著過一輩子。

　　最後，奉勸你在生活裡尋找一些進食以外的熱情；如果你有很多其他的興趣可以忙，減重會容易得多。聽好囉，從沙發椅走向冰箱，既不能算做運動，也不算是嗜好！

由腸胃製造的各種蛋白質，發訊號通知動物何時該停止進食。

　　從黑色皮質素系統下手，看起來似乎是研發減肥藥的理想途徑。不過很不幸的是，這種途徑恐怕有一堆很難避免的副作用，因為能夠影響黑色皮質素受體的藥物，也會影響血壓、心跳、發炎反應、腎功能及性功能。

大約十年前，科學界首度發現瘦身素時，研究人員曾經非常樂觀，以為找到了能夠降低食慾、讓人成功減重的仙丹妙藥。結果後來發現，許多過重的人的血液中，其實早已含有高量的瘦身素，但是他們卻對這種激素缺乏正常的反應，出現了科學家所謂的瘦身素抗性。對於多數人來說，瘦身素抗性是由肥胖所造成的結果。

胰島素抗性與瘦身素抗性類似，同樣也是由於體重過重而引發，而且會導致第二型糖尿病（也稱為成人型糖尿病）。瘦身素原本能夠活化一些訊號，去告訴弓狀核該下令減輕體重了，但如果是因過度進食而導致肥胖，將使得瘦身素的效能減低。

雖然瘦身素的發現並沒有為高效能的減肥藥帶來新契機，但是另外一種循不同途徑的減肥藥，目前看起來似乎很有希望。凡是吸食大麻後感到飢腸轆轆的人都知道，在那個小壺裡的活躍成分——四氫大麻酚，能夠刺激你，讓你覺得很饑餓，即使你已經吃得很飽了。

有一種叫做利莫那班的減肥藥物，能夠阻斷四氫大麻酚的受體，使得即便是很饑餓的動物，都會減少進食。或許這裡頭更重要的是，這種藥物對於已經吃飽的動物也能發揮同樣的效果；因為，在不饑餓的情況下繼續進食，可能是大部分人肥胖的主要原因。

在好幾個大型的臨床醫學試驗中，肥胖的人服用利莫那班一年之後，體重比服用安慰劑的人減輕約 4 到 5 公斤。同時，接受治療者還出現高密度膽固醇（也就是「好」膽固醇）顯著增加，以及三酸甘油脂減少的現象。雖然這些現象與體重減輕並不是完全相關的，卻暗示利莫那班能夠直接影響脂質的代謝，而可能降低罹患心血管疾病的風險。

雖然這種程度的減肥，並不是那種能夠戲劇性扭轉人生的減肥法，但是如果能夠推廣使用，這種藥物很可能會減少肥胖併發症所帶來的醫療成本。

....

我的醫生告誡我：不要再進行親密的四人晚餐——除非我能找到其他三人。

奧森‧威爾斯／Orson Welles，美國知名導演、編劇、演員

....

不幸的是臨床試驗也顯示，受測者一旦停藥，通常第二年就會胖回去。所以啦，這種藥物需要長期服用，才能維持體重減輕的成果。對於研發利莫那班的藥廠來說，這真是一大好消息，但對於病患可就不是了。

　　現今盛行於美國的肥胖流行病，有沒有可能是因為不同族群中的調節攝食的基因有差異，而造成的？不完全是。你的黑色皮質素系統的運作效率，或許會影響你變胖的風險，但是一般說來，現代人之所以會發福，主要是因為各位的腦袋從旁協助大家儲存脂肪，以備下次大饑荒時可以派得上用場。

　　在面對超量的美味食物時，實驗動物通常都會長胖，人也是一樣。遺傳上的差異，或許會決定哪些人在這樣的過程中比較早發福，哪些人則需要更強的刺激才會發福；但是如果時時刻刻遭到過量美食的包圍，即使意志力再強的人，最後幾乎都得豎白旗投降。

　　基於這個原因，你與其費盡心力去抗拒伸手拿巧克力往嘴裡塞的衝動，不如花點力氣來改變你的環境，讓你隨手可以拿到的食物都是比較健康的。你的腦袋將會大大感謝你；當然啦，你的腰圍也會大大感謝你！

02
感官世界

6

睜開你的雙眼
視覺的故事

　　這天，梅麥克滑雪衝下山坡時，突然發覺自己正撞向一個巨大的暗色物體，而且距離已經近得來不及閃避。他當下心想，這次死定了。

　　然而等他穿越過那件物體，卻毫髮無傷，他才弄清楚，原來那是上揚的雪橇所造成的陰影。

　　自從梅麥克在 43 歲那年接受角膜移植手術，恢復視力後，像這樣的經驗就常常出現在他的生活裡。梅麥克 3 歲時因為被燃油燒到臉而失明。不過，失明並未阻撓他成為滑雪好手。他曾經跟在嚮導身後，以每小時 104 公里的速度滑雪下山，打破視障滑降滑雪的世界紀錄。

　　梅麥克長達 40 年的失明期間，他的腦袋都沒有任何天然視覺的經驗。如今恢復視力之後，他常常不知道應該如何詮釋自己看到的東西。對他來說，尤其困難的是區分二維空間與三維空間的物體──這是當你衝向一個很大的二維空間陰影時，非常需要的一項基本技巧。

　　你的腦袋在詮釋許多場景時，都沒有一五一十的讓你知道發生了什麼事。由於梅麥克是在上了年紀之後，才學習使用眼睛的，情況有點類似成年之後才開始學外語，他的腦袋沒辦法正確完成眾多視覺任務，像是辨認出面前那塊大大黑黑的物體，究竟是一片陰影還是一塊岩石。一般說來，他很難看出哪些線條或顏色是屬於某個物體，哪些線條或顏色又是屬於另一個物體，或甚至屬於物體後方的背景。

　　梅麥克的個案說明了「理解如何去看」的流程，是多麼困難與重要，同時

也說明了你在「看」的當兒，腦袋需要做出多少你不會知道的假設，才能把事情搞定。

視覺從眼睛開始，眼睛的構造就像一台照相機。眼睛最前方有一個透鏡，負責把光線聚焦在後方的神經元薄片上，這個薄片稱為視網膜。視網膜神經元薄片就像是一片充滿像素的螢幕，每一個像素（神經元）都能偵測視覺世界裡某個特定區域的光線強度。

但是這會幫腦袋製造出一個問題，因為視網膜會把三維空間的世界，轉化成二維空間的神經元薄片上的活化模式，這麼一來就把許多原有的資訊給扔了。

你或許聽說過，視網膜看到的世界是上下顛倒的。這是千真萬確的，但是它卻不會影響我們的視覺。因為腦袋早就料到這一點，會把視網膜看到的世界又上下翻轉過來。

視網膜上面有三種不同的錐細胞，分別負責偵測明亮光線下的紅色、綠色和藍色；當這些神經元偵測到的光線愈來愈強時，它們就會把愈來愈強的訊號傳送出去。其他的顏色，則是由這三種錐細胞以不同的活化程度組合而成的。這個過程很類似把三原色顏料混合，調配出各種顏色，只不過這兩者的三原色不同，因為光線的混合與顏料的混合並不相同。

如果你想親眼見識一下，不妨將紅色及綠色的塑膠片重疊蓋在閃光燈前，然後打開閃光燈，你會看見黃色燈光。然而你若是把紅色顏料與綠色顏料調在一起，卻會得出很不同的結果：棕色。

視網膜上的第四種細胞叫做桿細胞，專門在昏暗環境中偵測光線的強度。桿細胞可是無法分辨紅、綠、藍色彩的，這就是為什麼你在羅曼蒂克的光線下，看顏色會比較不清楚。

然後，這些桿細胞與錐細胞會和視網膜的其他神經元溝通，針對場景，再進行一些額外的計算。譬如說，視網膜的訊息輸出細胞，會送出每個區域與鄰近區域的相對亮度資料，而非每個像素的絕對亮度資料。這些資料會給送往腦袋的視覺區，同時也會送往腦裡負責控制眼睛與頭部運動的區域。

「睜一隻眼、閉一隻眼」不是好主意

關於動物研究意外造福人類醫學，其中一個最佳案例來自視覺發育的研究。

由於動物的雙眼位在頭部不同地方，看到的世界自然也稍有不同。這一點為大腦的發育帶來了一個問題；為了要製造出一個協調的視野，大腦需要將兩隻眼睛各自在視覺世界裡的同一部位接收到的資訊，緊密結合起來。但是像這樣的結合，很難事先把它制定下來，因為動物個體的頭部大小不一，而且兩眼距離也會隨著身體的成長而改變。

所以，腦袋就想出了一個辦法：學習將每隻眼睛接收到的「同時在活動的位置」訊息給結合起來，然後就假定看到了視覺世界裡的同一個地方。

如果動物在年幼時就瞎了一隻眼（在小貓，約為出生後一個月，人類嬰兒則更大一些），將不會經歷這樣的學習過程，腦袋裡所有的視覺神經元幾乎全都用來詮釋那隻好眼睛的訊息。即便日後那隻瞎眼獲得了視力，這種詮釋模式還是沒有辦法轉變。休伯爾（David Hubel）與維瑟爾（Torsten Wiesel）就是因為在 1960 年代發現這個過程，而贏得 1981 年的諾貝爾生理醫學獎。

我們有位朋友的女兒患了斜視，也就是俗稱的「懶眼睛」，這種毛病大約會出現在 5% 的小孩身上。她們沒辦法控制其中一隻眼睛的運動，結果那隻眼睛到處亂轉，和另一隻眼睛沒辦法看往同個方向。如果是二十年前，這種毛病的標準療法是，把另一隻好眼睛用眼罩遮起來，用意是訓練這隻壞眼睛好好觀看東西。然

而由於一些基於好奇所進行的動物研究，我們現在終於知道，這種療法不是個好主意，雖說早年聽起來似乎滿合理的。

我們現在的理解是：把好眼睛遮住，會傷害頭腦的發育，因為頭腦將沒有辦法學習如何同時處理兩隻眼睛的資訊。

你需要來自另一隻眼睛的資訊，才能判斷距離。你如果閉上一隻眼，然後張開，再閉上另一隻眼，你將會看到：距離愈近的物體，在兩隻眼睛的視野中，位置差異愈大，而距離愈遠的物體，在兩眼視野中的位置差異較小。小孩子如果從小就戴著一隻眼罩長大，將無法比較兩眼的資訊，也就沒有辦法像成年人一樣判斷距離。譬如說，他們會發現穿針線十分困難。

所以啦，由於動物研究的關係，我們朋友的女兒現在接受的是一種嶄新的訓練流程，這種流程能讓她學會控制眼部肌肉，但不至於損害到她未來的立體視覺能力。

腦袋第一個下手的，想必是決定物體各部位的亮度。你或許會以為這是一樁再簡單不過的小事，大腦只需要判斷那一些負責傳送場景各部位資訊的神經元，分別丟過來多少強度的訊息即可。然而，這個任務通常很困難，因為神經元要丟給大腦多少強度的訊息，必須以真正送達眼睛的光線總量而定。但是真正送達眼睛的光線，會因為物體的性質、當時的照明模式以及場景中的陰影，而出現極大的變化。同一件物體，在大太陽下，和在桌燈下，看起來會很不一樣；而且如果陰影所在的部位不同，物體看起來也會不同。

次頁的兩張圖顯示出，當你意識到你在看一個影像時，你的大腦早已針對你正在觀看的物體，做出了一缸子的假設。

　　在左圖中，很顯然 A 方塊的顏色比 B 方塊來得深——嗯，是這樣沒錯吧？但是右圖很清楚的顯示出，A、B 兩個方塊的陰影其實是一樣深的。你不相信？可以自己來試一下，剪一張紙，把多餘的方塊都給遮住，只露出 A 與 B，然後再比比看。

　　不知道你有沒有見過，小狗在凝視某個物體時，頭部會前前後後的移動？其實很多動物都懂得用這套把戲，來偵測某個物體的距離。因為頭部前後移動時，距離愈近的物體，它晃動的程度會顯得愈大，距離遠的物體，它晃動的程度顯得較小。

　　在計算某個場景的深度時，大腦可以依賴的線索有好幾條——再加上一大堆假設。譬如說，要計算景深，可以藉由比較兩眼的視線，或是判斷哪些物體位於其他物體的前方。例如一條通向遠方的碎石路，就包含了兩條明顯的線索：距離愈遠，碎石看起來愈小，而且路面的兩邊看起來也愈接近。

　　此外，大腦還會利用某個已知物體的體積，來猜測其他物體的體積。還有一件事，你的腦袋瓜也會迅速自動下判斷，那就是在某個視覺影像中，到底有哪些物體。

　　梅麥克在分辨物體上頭，就遇到很多挫折。他能夠看得出放在餐桌上的三角形與方形，但是他完全沒有辦法看出一張照片裡有幾個人。購物中心裡的天窗，在地板上投射出一條條明帶與陰影，對於梅麥克的大腦來說，那個景象看起來就和樓梯一模一樣。動過手術後，他太太常常需要提醒他，不要盯著女人瞧！

別以為梅麥克恢復視力後，喜歡猛瞧女郎，那是因為他沒有辦法像大多數人一樣，快速瞥一眼就能得到所要的資訊。他得用腦筋來推理一個視覺場景，然後想像出裡頭到底有什麼東西，但也只能做到某個程度而已。在這方面，他永遠沒辦法做到像我們大多數人一樣快，或一樣輕鬆。

腦袋自有一套特殊的辦法，來辨識對我們來說極為重要的物體，例如人臉。每張臉的長相，差異其實並不太大（或至少可以說，對火星人來說差異不大），但是我們還是能夠毫不費力，就分辨出不同的臉來。有人曾經設計過自動辨識面孔的電腦系統，用在機場或海關驗證櫃檯，企圖辨識恐怖份子。但是效果比起海關人員的肉眼辨識，準確度真是差得太多了。顯然，大腦辨識臉孔的功力，是世上第一流的。

請看看下面那四張英國前首相「鐵娘子」柴契爾夫人的照片，你就會發現，你的大腦自有一套特殊方法來看待臉孔。

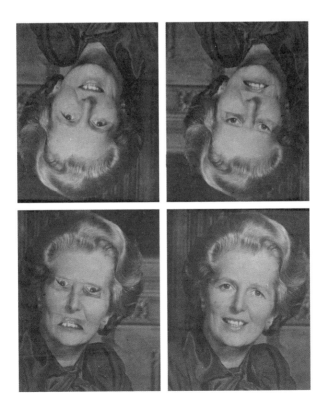

有一個神經元迷上了麥可・喬登

成為某個名人的粉絲，究竟是什麼意思？

現在有一項研究暗示，它實際上的意思就是：在你的腦袋裡留一點空間給這位名人。

從前有一種想法，認為可能有一個神經元或多個神經元專門辨識某特定的物體或人，並發出訊號。但是大部分神經科學家都不相信頭腦是用這種方式運作的。因為一方面，沒有那麼多的神經元來逐一對應到我們能夠辨識出的每件東西；再來，也因為從沒見過有人在中風後，會失去辨識某幾個人的能力，卻保有辨識另一些人的能力。

在這項最新的研究中，科學家幫 8 名頑性癲癇患者，記錄單一神經元的活動。外科醫生在每一名患者的大腦顳葉植入電極，以協助找出發作的起源處，而科學家也利用這些電極來記錄病患在觀看照片時的神經元反應。他們發現，有些神經元會特別針對某位名人的相關形象起反應——通常是影星、政客或是職業運動員。

譬如說，只要一出現珍妮佛・安妮斯頓的照片，某一個神經元就會起反應，產生棘波，但是對其他人的照片卻全無反應（包括一張珍妮佛與前夫布萊德・彼特的合照，也無反應）。另一個神經元則會被荷莉・貝瑞的照片和畫像所活化，甚至對她的印刷體姓名都會起反應。而且這一個神經元雖然對荷莉・貝瑞身著貓女服裝的照片有反應，但是換了其他女子來穿貓女服裝，它就沒有反應了。

其他還有一些神經元，分別針對茱莉亞‧羅伯茲、小飛俠布萊恩、籃球大帝麥可‧喬登、柯林頓總統，甚至是雪梨歌劇院這類知名建築物，產生反應。

目前還沒有人確知這些神經元到底是在幹什麼，不過它們所在的腦部區域，已知與「形成新記憶」有關。

第 81 頁照片的上面兩張，看起來還滿正常的嘛 —— 只除了上下顛倒之外。下方的兩張照片則分別是上方的兩張照片轉正後的樣子。你可以看出來，右邊那張臉真是長得有夠怪！柴契爾夫人的雙眼和嘴巴，是上下反置的，但是當你在觀看右上方的照片時，大概看不出來這一點。那是因為大腦做了一番假設，自動詮釋了上下顛倒的圖像，讓你看不出來有啥怪異之處。當然啦，你到底喜歡哪個版本的柴契爾夫人照片，還牽涉到其他因素，像是政治立場。

梅麥克完全沒有辦法辨識臉孔。有一次在小聯盟棒球隊練完球後，他問一名小選手要不要吃冰淇淋。當那個小男孩很困惑、但很有禮貌的回絕他之後，他才發現那個男孩不是他的兒子。

有些在其他方面很正常的人，也同樣有這個困擾。那通常是因為大腦裡的紡錘形面貌區受損所造成的，這塊區域專門負責臉孔的特定處理流程。

這些人在看大部分物體時，都沒問題，但是一碰到辨識人臉就很不順暢，即使是已經看了好幾年的臉孔。經過一段時間的挫折後，他們通常都學會在離開家之前，先牢記朋友、配偶或子女當天所穿的衣物，以便稍後能在一大群人之間認出他們來。就梅麥克的案例，他的紡錘形面貌區從來沒有機會發育得和從小就具有視力的人一樣。

即使梅麥克已經恢復了視力，他滑雪時仍然得閉上眼睛。因為他腦裡的

盲人的聽力比較優

長久以來，人們都喜歡把一些特殊能力，甚至是魔力，加諸在盲人身上。其中一個很常見的想法是，盲人具有特別敏銳的聽覺。

然而，經過測試，盲人在偵測細微聲音方面，並沒有強過明眼人多少。

但是有一項關於盲人具有某種特殊能力的古老說法，卻沒有錯。在遠古時代，還沒有發明書寫文字之前，盲人常常都以能記得聖經的詮釋而聞名（這些詮釋必須靠著口耳相傳，才能教給下一代）。

沒錯，盲人的記憶力確實比較好，尤其在語言方面。這是因為：既然他們沒有辦法依靠視覺來告訴他們一些小事，像是「我剛才是不是把玻璃杯放在櫃檯上？」他們只好不斷使用記憶力，否則不知得打翻多少杯水。

這大概是因為不斷練習，有助於鍛鍊出優異的空間記憶力。而且他們在語言項目上，包括了解句子的語意等等，表現也比明眼人好。除此之外，盲人對於鎖定聲音的方向，表現也比較優，這可能也是因為盲人無法靠視覺弄清楚物體究竟在何方，只好不斷訓練聽力來代勞。

盲人似乎是利用腦部原本分配給視覺的空間，來增進上面所說的諸多能力。例如在盲人身上，有關字彙記憶的任務，會活化**主視覺皮質**——這個區域在明眼人腦中，只與視覺有關。

研究人員可以藉由在頭顱外施加磁場刺激，來干擾腦部的電

流活動，以便暫時關閉大腦皮質的某個區域。結果這項干擾會損害到盲人記憶字彙的能力，而這是他們原本極為擅長的語言項目之一；但是對於明眼人，這項干擾卻不會影響這個語言項目（但是，它當然會干擾到明眼人的視覺能力）。

動作偵測細胞和正常人一樣敏感，那對他可不見得有好處。滑雪衝下山坡，於他不再是一樁樂事了，因為當他看到景物從身邊兩側飛馳而過，會覺得非常可怕。而且有生以來第一次，他太太開車會讓他不自在，因為其他車子飛快駛過身邊時，那種感覺對他來說太驚險刺激了些。

沒有人知道，為何大腦裡的動作偵測系統會這麼健壯，經過四十年的失明之後，竟然還具有功能。或許是因為動作的偵測對於動物生存，實在是太重要了，無論你是一匹饑餓的大野狼，還是一隻嚇壞了的小兔子，要想在視覺世界裡發現其他生物，再沒有比動作偵測更重要的了。

腦袋裡負責分析動作的區域，與負責分析形狀的區域是分開的。事實上，它們甚至位於腦裡不同的部分。基本的動作分析區可以偵測到以直線移動的物體，稍高一點的區域則負責偵測更複雜的運動模式，包括擴張運動（例如雨水在行駛中汽車的擋風玻璃上濺開，或是電影「星艦迷航記」的片頭畫面）以及螺旋運動（就像浴缸的水給放掉時，所產生的漩渦）。這些訊息對於導航來說，可能都很重要，因為當我們在移動時，視網膜就會見識到這一類的動作。

腦部這些區域如果受損，會造成移動盲症。這種病人眼中的世界，就好像迪斯可舞廳閃光燈下的世界：某人上一秒鐘還在這裡，下一秒忽然就變到別的地方去了。你可以想像一下，病人活在這樣的世界裡是很危險的，因為對他們來說，其他人與其他物體彷彿都有辦法在瞬間移形換位，因此這些病人走動起來會遇到很多麻煩。

要看清楚眼前的事物，需要不斷的掙扎。

歐威爾／George Orwel

　　講到目前為止，我們好像都把眼睛當成能接收連續場景似的，就像是一部電影在視網膜上播放。確實，在日常生活中我們感覺起來也正是如此。但其實這是因為腦袋有辦法把世界處理得很平順，讓我們感覺到它是連續的，雖然事實並非如此。

　　現在你可能已經猜到接下來我要說什麼了：沒錯，你的腦袋又在騙你了。每當你清醒時，你的眼睛就會以一種稱為眼球震顫的突兀運動，在視覺世界裡跳來跳去，每秒鐘大約 3 到 5 次。你只要仔細盯著朋友的眼珠子，就可以看到這種眼球震顫運動。每一次的眼球震顫運動都會把視覺場景中某部分的「快照」，送交給視網膜，腦袋必須把這些靜態的照片集中起來，創造出一個連續世界的幻象。這個流程太複雜了，目前就連神經科學家都不太曉得，這個流程是怎樣運作的。

　　梅麥克的親身經歷說明了，雖然視覺只是一種感官，但它其實是由許多不同功能所組成的。對於我們大多數人來說，這些功能已給編織得天衣無縫，這要感謝長達一輩子的發育和經驗。

　　梅麥克的腦袋還沒有學會如何撒謊，或者說，甚至也不還沒學會很流利的說出實話。如今，梅麥克差不多有 90% 的時候，可以用視覺來引導他遊走四方了。但是實際狀況並不如數據聽起來那般管用，因為他永遠搞不清楚當時有哪些部分屬於他不能信賴的 10%。現在他恢復視力了，但是他發現自己並不能完全信賴視力。

　　視力恢復後 4 年，梅麥克終於想出一條妙計來應付這些問題：他申請了手術後的第一隻「導盲犬」。

7

在雞尾酒會上聽電話
聽清楚了：沒問題！

我們常把視覺當成最重要的感官，但是還有一種感官恐怕同等重要，那就是聽覺。

很明顯的，失聰的人很難和一般人溝通。面對這項挑戰，失聰者創造出他們獨有的語言形式：利用手和眼睛，來取代口和耳朵。失聰者與聽力正常者之間的溝通障礙是如此之深，使得獨特的聾人文化應運而生。譬如，在電影「悲憐上帝的女兒」中，當一名在聾啞學校工作的失聰婦女和一名聽力正常的老師談戀愛時，凡是與她對聾人文化的忠誠相牴觸的事物，都會危及他倆的關係。

你的腦袋究竟是怎樣辨認像語言這般複雜的聲音，仍然是謎，不過對於我們如何偵測並找出聲音訊號，科學家倒是已經知道了不少。

不論我們在聽的是音樂、鳥鳴或是雞尾酒會裡的交談聲，聽覺都始於空氣中的一股壓力波，我們稱之為聲音。如果我們能看見這股由純音（單一頻率的聲音訊號）所引起的壓力波在空氣中行進，它的長相應該就像是一顆石頭給扔進池塘所引起的陣陣漣漪。漣漪的密度（稱為頻率）能決定聲音的音調——波與波之間的距離愈短，聲音愈高，距離愈長，聲音愈低；至於波的高度則決定了聲音的強度。比較複雜的聲音，例如語言，是以多種頻率和不同的強度，混合而成的。

外耳將聲波傳送到內耳的一個叫耳蝸的器官中。耳蝸的英文 cochlea 源自拉丁文，意思是蝸牛，因為它的外形長得很像蝸牛，你可以參考次頁的插圖。

耳朵裡的聲音感覺細胞位在耳蝸上，它們沿著一片又長又捲的薄膜，排成

一列一列的。聲音的壓力波會在耳朵內的液體中傳送，引起這片薄膜的振動。

這片薄膜振動的方式有很多種，要看聲音的頻率而定。這樣的振動會活化感覺接受器，而這種感覺接受器叫做**毛細胞**，因為它們的上方頂著一束細纖維，看起來好像龐克頭。這些細纖維的運動，能夠把振動訊號轉化為其他神經元都能了解的電訊號。

毛細胞本領高強，能夠感受到只有一個原子大小的細微運動，而且反應速度非常之快，每秒鐘超過 2 萬次，真是超厲害。

排列在耳蝸膜基底部位的毛細胞，能感應到最高的頻率。然後，沿著螺旋形往另一端走，愈靠近另一端的毛細胞，對愈低頻率的聲音愈敏感（你可以想像一下鋼琴的琴鍵順序）。這樣的結構所形成的一張聲音頻率地圖，已經保存在腦部諸多對聲音有反應的區域。

由兩隻耳朵接收到的聲音資訊，會一起集中到腦幹的神經元裡。醫生就是利用這項知識，來檢查聽力喪失的原因，看看是由一隻耳朵引起的毛病，還是兩隻耳朵都有問題。

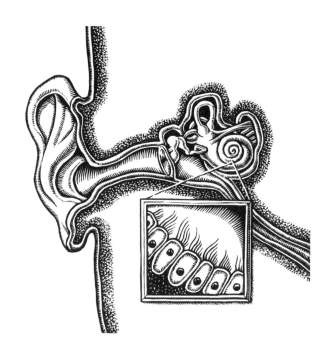

怎麼說呢？由於腦袋裡的神經元是從兩隻耳朵同時獲取聲音資訊的，如果是處理聲音流程的腦袋部位受損了，兩隻耳朵的聽力都會出現問題。但是，你如果只有一隻耳朵聽力不佳，問題就比較可能是出在那隻耳朵或是聽力神經上，腦袋裡應當沒有問題。

另外，聲音從外界傳輸到耳蝸的機制如果出了問題，也可能引起聽力喪失。助聽器可以治療這類型的聽力喪失，因為助聽器能將進入耳朵的聲音放大。至於因為毛細胞受損所引起的聽力喪失，就只能靠人工電子耳的協助了（請參考🔧**實用訣竅：利用人工耳改進聽力**）。

針對聲音資訊，腦袋有兩項主要目標：鎖定聲音的空間位置，以便讓你朝著聲源看過去，再來就是辨識那個聲音。

這兩項任務都不容易做到，而且每一項都得由不同的腦袋部位來完成。也因此，某些腦部受損的病人在鎖定聲源位置方面有困難，但是在辨識聲音上頭，卻沒有問題；也有些腦部受損的病人是在辨識聲音方面有困難，但是在鎖定聲源位置上頭，卻沒有問題。

聲音傳到你左右耳朵的時間先後與強度差異，可以幫忙你的腦袋查出該聲音來自何方。譬如來自你正前方或正後方的聲音，會同時抵達你的左耳與右耳。聲音如果來自你的右方，會先抵達你的右耳，然後才到達左耳，反之亦然。

同樣的，來自右方的聲音，在你的右耳聽起來會大聲一點；聲音到了左耳時，強度會減少一點，因為你的大頭擋了它的路——至少高頻率的聲音是如此；但是低頻率的聲音卻可以繞過你的腦袋瓜，所以兩耳聽到的低音的強度，並沒有什麼差別。總之，你我都是利用兩隻耳朵聽到聲音的時間差，來鎖定低音與中音的聲源位置；利用聲音進入兩隻耳朵的強度差，來鎖定高音的位置。

在辨識聲音的內容時，腦袋會特別做些調整，來偵測對於行為很重要的訊號。例如許多比較高的腦袋聽覺區域，對於複雜的聲音，例如某些頻率的特定組合、符合節拍的聲音順序、乃至特別的溝通訊號，反應最好。

幾乎所有動物都具有一些很特殊的神經元，專門偵測對牠們來說特別重要的聲音訊號，像是鳥類對鳴唱聲、蝙蝠對回聲。蝙蝠是利用一種聲納來導航

如何預防聽力喪失？

還記得你媽媽曾警告你，聽太大聲的音樂，會傷耳朵？

媽媽說得可沒錯。在美國，超過 60 歲的人約有三分之一失去聽力，超過 75 歲的人約有二分之一失去聽力。最常見的原因是長期暴露在噪音中。嬰兒潮世代又比他們的父母及祖父母輩，更早失去聽力，可能是因為我們的世界比他們那個年代來得吵雜。

有些專家特別擔心目前流行的隨身 MP3 音樂播放器，會對年輕人的聽力造成很大的傷害。像是 iPod，這種裝置可以製造出極大聲的音樂，而且充一次電就可以連用好幾小時。

當然，罪魁禍首不只是熱門音樂。任何巨大的聲響若持續一陣子，都能令人喪失聽力，像是刈草機、摩托車、飛機、救護車汽笛或是鞭炮等等。甚至連短暫暴露在一個極大的聲響下，都可能損壞你的聽力。

不過在這些場合，你大可把耳朵塞起來，以降低音量。但是在搖滾音樂會上，你通常是不會把耳朵塞起來的，這時候，搖滾音樂的噪音強度就相當於電鋸——而專家建議，暴露在這種聲音下的時間，最好一次不要超過一分鐘。

如果你覺得我們的勸告比電鋸的噪音還煩，不想從此不聽熱門音樂會，那麼也請記住：噪音造成的聽力損傷是累進的，你這一生所經歷的噪音愈多，你開始失去聽力的時間就愈早。

噪音之所以會造成聽力喪失，主要是因為它們傷到了負責在內耳偵測聲音的毛細胞。就像前面我們說過的，毛細胞的上方頂

著一束細纖維，稱為聽毛束，它們會隨著聲音的振動而擺動。如果聽毛束擺動得太厲害，纖維可能會撕裂，而那枚毛細胞將再也不能偵測到聲音了。

負責偵測高頻率聲音（例如哨聲）的毛細胞最為脆弱，因此通常會比負責偵測低頻率聲音（像是霧角的低鳴聲）的毛細胞，更早喪生。也因此，與噪音相關的聽力喪失，通常都始於聽不見高音。而這種高頻率的聲音對於了解語言，尤其重要。

耳朵感染是另一個造成聽力喪失的原因，所以很重要的是及早診斷並治療。大約有 75% 的小孩都曾經歷過耳朵感染症，父母應該特別留意孩子這方面的症狀，像是抓扯耳朵、平衡或聽力問題、睡不安穩以及耳朵流出液體等等。

的，牠們發出聲音，讓聲音撞上物體後彈回來，從聲音多快彈回來，蝙蝠就能判斷物體的遠近。

至於人類，特別重要的一套聲音詮釋，莫過於辨識語言，而人腦裡有好幾個區域都在從事這套辨識流程。

你的腦袋辨識特定聲音的能力，會隨著你的聽覺經驗而改變。譬如說，很小的小嬰孩可以辨識出全世界所有語言的聲音，但是在差不多 18 個月大，他們就開始漸漸無法辨認母語裡沒有用到的聲音了。這也正是為什麼英語裡的 r 與 l，在母語為日語的人聽起來都一樣，因為在日語中，沒有這兩個聲音的區別。所以啦，想讓你的小孩熟悉其他語系，得從他襁褓時期就開始才行。

科學家對嬰兒腦袋的電流記錄研究（把電極貼在皮膚上來測量）顯示，嬰兒在學習母語的聲音時，腦部是真的發生了變化。等到小嬰兒變成蹣跚學步的

利用人工耳改進聽力

助聽器可以讓聲音在進入耳朵時，變得更大聲，但是如果病人耳聾的原因在於耳蝸內感應聲音的毛細胞受損，助聽器就沒有幫助了。

不過，毛細胞受損的病人還是能受惠於人工耳，也就是一種靠外科手術植入耳朵的電子裝置。人工耳是利用一個掛在耳外的麥克風來接收聲音，再直接刺激聽覺神經，讓聽覺神經將聲音資訊從耳朵送往大腦。目前全世界大約有 6 萬人裝了人工電子耳。

正常的人類聽力是以 1 萬 5 千個毛細胞來偵測聲音資訊的，相形之下，人工電子耳就粗糙得多了，只能製造出少數幾種聲音訊號。這意味著，安裝人工耳的病人剛開始會聽到一些怪聲音，一點都不像正常的聽力。

好在人腦對於學習如何正確詮釋電刺激，非常聰明。雖然人腦可能需要幾個月的時間，來了解那些訊號的意義，但是有大約一半的病人，最後終於學會不靠讀唇就能聽懂語言，有些人甚至還有辦法講電話。其他一些病人則發現，他們還是需要讀唇才能聽得懂，但是藉由人工電子耳提供的額外資訊，他們的讀唇能力大大改進了。不過，也有少數病人始終學不會如何詮釋新訊號，而且覺得這項裝置完全沒有助益。

超過 2 歲的小孩就可以接受人工電子耳移植，而且在學習使用這項新的聲音資訊來源上頭，這些小孩似乎也勝過成年人。或許這是因為腦袋的學習能力在孩童時代最強的緣故（請參考第 11章）。

幼兒時，他們會對母語更有反應，對不熟悉的其他語音就更加缺乏反應了。

這套流程一旦完成，腦袋就會自動把它聽過的語言的所有聲音，擺進它熟悉的分類裡。譬如說，你的大腦有一個發音完美的英語母音O的模型——然後，所有和這個聲音夠接近的其他聲音，都會給聽成是同樣的英語母音O，雖說它們的組成頻率與強度可能不盡相同。

如果你並不想學新語言，那麼這套母語特化系統對你就夠管用了，因為它能讓你在許多吵雜的情況下，理解各式各樣腔調的說話者。同一個字彙，由兩個不同的人說出口，頻率和強度可能會差很多，但是聽在你的腦裡，它們之間的相似度卻大過實際上的相似度，很容易辨識。反觀電腦的語音辨識軟體，不但需要在安靜的環境下運作，而且很難了解超過一個以上的說話者，因為它們倚賴的是口語發音的簡單生理特性。

這又是人腦表現勝過電腦的一個項目。就我們神經科學家來說，除非哪天電腦有辦法創造出自己的語言和文化，我們才會對它另眼相看。

實用訣竅：

在很吵的地方講電話，怎樣才能聽得更清楚？

在很吵的地方講手機，是一件痛苦的事。你如果和大多數人一樣，大概你會試著用手指蓋住另一隻耳朵，想改善聽力，但是你會發現好像沒有多大用處。

不要洩氣！這裡有一個法子，可以善用你腦袋所具有的能力，讓你聽得更清楚。和直覺相反的是，正確的做法是蓋住發話筒。你還是會聽到一樣多的周遭雜音，但是你能更清楚的聽到朋友說的話。試試看，很管用哦。

怎麼會這樣呢？這一招之所以管用（而且它對大部分正常的電話都有用，手機只是其中之一），是因為它巧妙利用了你的腦袋裡的一種能力：分離不同的訊號。通常你會在很擁擠或混亂的場合，將這種技巧派上用場；它有一個名字叫雞尾酒會效應。

在宴會上，你往往需要把某個聲音與其他聲音區分開來。但是聲音來自各個方向，而且聽起來又都不盡相同 —— 高音、低音、銅管樂器、機械聲⋯⋯。結果，你的腦袋在這種情境下，大大露了一手。你的腦袋到底做了什麼呢，最簡單的描述如下：

電話聲音 ➤ 左耳 ➤ 大腦 ◀ 右耳 ◀ 室內雜音

就算遇到更複雜的情況，例如好幾種聲音來自不同方向，也是一樣。重點是，腦袋很擅長處理科學家所謂的**訊號分離問題**。這在電子電路上，是一大難題。把不同的聲音區分開來，是人腦的一大豐功偉績，也是通訊科技目前還沒辦法模仿的。但是你的腦袋卻能輕鬆做到。

再來談談你的電話。電話會讓你的腦袋更吃力，因為它把你所在的房間裡的雜音也送進電路中了，然後與電話另一端傳來的訊號相混合。於是你就會遇到下面這種情況：

電話聲音加上扭曲後的室內雜音 ➤ 左耳 ➤ 大腦 ◀ 右耳 ◀ 室內雜音

對於你的腦袋來說，這個問題就比較難解決了，因為現在你

朋友傳過來的聲音和你所在的室內雜音，都變得很細小、而且混合成同一個聲源了。這樣就很難再把兩者區分開。但是當你把發話筒遮住時，你可以阻止電話裡的這種混音，重新創造出雞尾酒會現場的情況。

當然啦，這又引發了一個新問題：電話為什麼要做成這副德性？

原因出在幾十年前，工程師發現，如果將發話者的聲音混合進接收到的訊號裡，將更能營造出現場談話的氣氛。像這樣把雙方聲音混合起來（稱為「全雙工」傳輸），確實有這種功效，但是一旦講電話的人處在很吵雜的房間裡，這種全雙工傳輸會讓聲訊更難聽清楚。

在電話訊號能真正做到等於現場談話之前，我們都必須忍受這個問題。但是你能利用你大腦的天賦來改善它。就像電話廣告裡常說的，「現在你能聽到我的聲音了嗎？」

8

這是什麼氣味啊？

談談嗅覺與味覺

動物是世界上最精於偵測化學物質的機器。

我們正是動物，能夠分辨好幾千種氣味。隨便舉幾個例子，像是新出爐的麵包、剛洗過的頭髮、柳橙皮、西洋杉木櫃、雞湯，以及盛夏時分高速公路休息站的氣味。

我們能偵測所有這些氣味，是因為鼻子裡含有陣容龐大的分子大隊，它們有辦法與製造氣味的化學物質結合。這些分子稱做接受器，它們對於要和哪些化學物質互動，各有各的偏好。

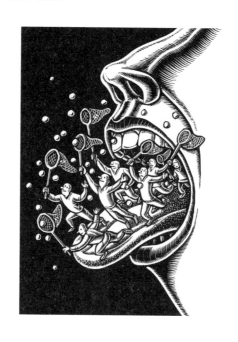

接受器是由蛋白質分子組成的，坐落在你的嗅覺上皮細胞上面，這層上皮細胞就是分布在你鼻腔表面的一層膜。嗅覺接受器的種類有好幾百種，任何一種氣味都可能同時活化幾十種接受器。嗅覺接受器被活化時，會利用神經纖維，把氣味資訊以電脈衝的形式送出去。每一根神經纖維只連結一種類型的接受器，於是氣味資訊便由好幾千條「有標記的管線」，運送到你的腦袋中。每一種特殊氣味都會引發一組纖維的活動。當你的腦袋想解釋這一組一組標記管線時，只需要檢查一下是哪些管線被活化就可以了。

味覺也是用這種方式運作的，只除了味覺接受器長在你的舌頭上，不是

你知道嗎：

火辣與透心涼，是什麼感受？

為什麼在英文裡，很辣的食物稱作「很熱」（hot）？

辣椒和其他辣味食物之所以會辣，是由於一種叫辣椒素的化學物質。正巧，你的身體也利用「能和辣椒素結合的接受器」來偵測溫暖的氣溫。這正是為什麼吃辣，容易冒汗的緣故了。那些辣椒素接受器具有你也許可以稱為「熱線」的專線，直通你的腦門，通知大腦「氣溫升高了」，因而引發讓你身體冷卻的反應。

你的辣椒素接受器不只位於舌頭上，而是全身都有。有一個辦法可以讓你發現這一點：在烹煮辣椒後，戴上隱形眼鏡試試看。哇！

清涼的食物嚐起來很冷，原因也相似。最近科學家已找到一種能和薄荷腦接合的接受器，它會通知大腦「氣溫降低了」。

植物製造薄荷腦的原因，可能和它們製造辣椒素的原因一樣——讓動物覺得它們不好吃。

長在鼻子裡。味覺比較簡單，因為總共只有五種基本味覺：鹹、甜、酸、苦以及鮮味（umami）。你恐怕會問，什麼是 umami？這種味道會出現在煮熟的肉或蕈類裡，或是添加過味精的食物中。「鮮味」在英文裡沒有相對應的單字，umami 是源自日文。

每一種基本味覺起碼都有一種接受器，有時候有好多種，例如苦味，就有

 你知道嗎：

老鼠為何不喜歡減肥可樂？

減肥可樂（健怡可樂）裡那種吃起來甜甜的成分，名稱叫做阿斯巴甜。那是一種代糖，它會和你舌頭上的甜味接受器接合而發揮作用。在人的舌頭上，甜味接受器不只會和糖結合，也會和阿斯巴甜、糖精、蔗糖素結合。但是在老鼠的舌頭上，甜味接受器卻不能和代糖結合。

對老鼠來說，摻了代糖的水，喝起來和白開水沒什麼兩樣。這一點暗示了：老鼠喝起減肥可樂來，應該不覺得甜。

螞蟻也有類似的情況，牠們不會被減肥汽水所吸引。

科學家曾利用基因工程技術，將老鼠的甜味接受器換成人類的甜味接受器。結果這些基因轉殖小鼠果然喜歡阿斯巴甜——照理牠們也許會喜歡減肥可樂。這個實驗證明了：小鼠和我們是使用同一套大腦路徑來品嚐甜味，只不過接受器不同罷了。

如果你有飼養寵物，這裡有一個小實驗你可以在家裡執行。你可以試試看牠們對於不同類型的甜飲料的口味如何，像是果汁、加糖的汽水以及減肥汽水。每種飲料裝在一個器皿裡，然後觀察牠們要選哪一個。結果有可能讓你大吃一驚哦。

是鼻子出毛病，還是太陽讓你打噴嚏？

在美國，多達四分之一的人，看到大太陽就會打噴嚏。像這種由光線引起的噴嚏反射動作，甚至會從父母遺傳給子女，雖然我們實在看不出它有什麼樣的生物學目的。

為什麼會有這種噴嚏反射動作？它是怎麼運作的？

打噴嚏的功用很明顯，就是把刺激到你鼻腔的異物給排出體外。和咳嗽不同的是，打噴嚏是很刻板的動作，也就是說，同一個人每次都是因為同樣的原因而打噴嚏，流程不會改變。

噴嚏一開始爆發時，把空氣排出體外的速度可以高達每小時160公里，差不多是頂級強力投手投出的快速球的球速。像這樣強力的、同步的、可重現的事件，只可能由腦部某處某個迴路裡的正回饋系統所產生，它能讓活動乍然升高，類似癲癇發作。但是，噴嚏與癲癇不同之處在於：它有一套預設的停止機制，而且不會發展成身體其他部位無法控制的運動。

打噴嚏的中心位於腦幹，在一個稱為**側延腦**的區域；這個地方如果受到損傷，會讓我們（以及其他哺乳動物）失去打噴嚏的能力。噴嚏被引發，通常都是在刺激物出現的消息送達側延腦之後。這個消息是由鼻子開始傳遞的，經過好幾條神經，包括負責把許多種訊號由臉部傳到腦幹的**三叉神經**。

我們腦幹的兩側各有一條三叉神經，它們屬於 12 對腦神經之一，能處理來自臉部、大部分頭皮、眼睛之結膜與角膜的毒物刺激以及觸覺刺激。三叉神經甚至還能反方向運作，從腦部攜帶運動訊號出來，包括讓我們張口咬、咀嚼及吞嚥的命令。三叉神經

真是一條擁擠忙碌的神經啊！

　　這麼擁擠的安排方式，或許可以解釋為什麼大太陽竟能誤導出一個噴嚏來。一般說來，會引起瞳孔收縮的大太陽，有可能波及鄰居的地盤，例如刺激到某些負責鼻子發癢感覺的神經纖維或神經元。不過，大太陽並不是唯一能不當引發噴嚏的源頭；正在經歷性高潮的男性，也可能打噴嚏喔。

　　像這種由陽光激發噴嚏反射動作的搭錯線現象，之所以代代相傳，是因為腦幹的線路纏成一大團，擁擠不堪，又難以修改。

　　腦幹裡具有範圍極廣的各種反射作用及運動的關鍵線路，包括所有我們身體在做的事。腦幹的基本設計圖可以說是在脊椎動物演化的初期，就已經出爐了。我們所擁有的 12 對腦神經，幾乎可以在所有脊椎動物的身上找到（魚類擁有額外的 3 對腦神經，負責來自身體兩側的接受器訊號）。這些腦神經會集中到一個很複雜的核心區域，這在所有脊椎動物的腦袋瓜裡，安排方式都是一樣的，行使的功能也都很類似。

　　事實上，藉由觀察其他動物的神經系統，來猜測我們人類腦袋裡的結構，還真是一個絕佳的方法。

　　不同種類的動物，腦幹結構會長得如此相似，原因在於：這整個系統實在建構得太錯綜複雜了，如果要更動架構，從演化觀點來看，絕對會引起一場大災難。現代的脊椎動物，包括魚類、鳥類、蜥蜴以及哺乳類，都是最早期、也最簡單的脊椎動物的後代，自然只有乖乖使用這套亂七八糟的設計，只能繼續疊床架屋，但不能改動它的基礎。

　　這種情況有點類似紐約市的地鐵系統，它一度是滿簡單的，

但如今，經過歷年來不同設計者添加了一層又一層的地鐵路線之後，已經變得千纏百繞了。

　　腦幹裡頭某些部分其實已經停用，而最初的核心現在已經變成應急的配備，給整修在一起了，再也沒辦法替換，因為害怕會讓整個系統癱瘓。坦白說，腦幹可說是自然界最能駁斥「上帝設計論」的代表了——那麼亂糟糟的設計，怎麼可能出自萬能睿智的上帝之手？

幾十種接受器能「吃」到它。人為什麼要「吃這麼多苦」呢？

　　動物在演化過程中，需要偵測周遭環境裡的毒物。由於毒物的形式可能以多種形式出現，但是大體上都具有苦味，因此我們很有必要多配備一些「吃得了苦」的接受器，來偵測出所有的毒物。這也是為什麼我們天生就討厭苦味。不過，這種傾向是可以藉由經驗來克服的；你只要看看那些愛喝通寧水及咖啡的人，就能明白了。

　　嗅覺與味覺通常都伴隨了很強烈的情緒關聯，像是祖母親手烘焙的蘋果派、愛人的襯衫、早晨新沖泡的咖啡等等。氣味當然也可能令人聯想到負面的情緒，譬如 2001 年 9 月 11 日，以及接下來那幾天，紐約市的曼哈頓充滿了一股苦澀的酸味，讓住在那兒的人永生難忘。

　　有些味道對於某些人來說可能是負面的，但對另一些人卻是正面的。想想看，電影「現代啟示錄」裡有位人物怎樣描述他最喜歡的味道：「我最喜歡在早晨聞到汽油彈的味道。讓我想起打勝仗。」

　　之所以發生這樣的聯想，可能是因為嗅覺資訊有一個直通管道，送往腦部的邊緣系統，而這個邊緣系統是腦部負責傳達情緒反應的單位。這樣的架構是容許後天學習的，因此可以讓我們將氣味與快樂或危險的事件，連結在一起。

9
疼痛不是病，卻會要人命
痛不痛，腦袋決定

　　扒手可能不會花很多時間談論人腦如何運作，但是他們的專業卻很需要這方面的實用知識。有一套最常見的扒竊伎倆，需要兩個犯罪搭檔。其中一個賊故意去撞受害人的某側，讓他分神，不要注意到另一個賊正在他的另一側下手行竊。這一招很管用，因為它可以把受害者的注意力引導向錯誤的一側，讓他的腦袋分神，而忽略了真正重要的事件正在另一側悄悄進行之中。

　　預期心理不只會影響我們的反應，還會影響我們的感覺。你對於身體感官的知覺，其實來自兩個流程之間的互動：一是來自你身上各處的接受器的訊號，另一是控制你對這些訊號的反應的腦部活動。這兩個流程的互動，很顯然不只限於在扒竊的時候，而是無時無刻、無處不在，從疼痛到搔癢都是。

　　你的皮膚擁有非常多種接受器 —— 也就是特化的神經末稍，它們能分別感覺到觸摸、振動、壓力、皮膚的張力、疼痛以及溫度等等。腦袋知道身體哪些感覺接受器給活化了，也知道它們的位置，因為每一個感覺接受器都有一條「專用線路」，能夠很迅速的把特定的一種資訊輸送到腦部。

　　你身體的某些部位會比其他部位更敏感。目前已知觸覺接受器密度最高的是手指尖，緊追在後的第二名是臉部。譬如說，你的指尖具有的接受器遠超過你手肘所具有的，因此，當你想知道某個物體是什麼東西時，你會用指頭而不是用手肘去試探它。

　　你的肌肉和關節也有感覺接受器，能提供你關於身體位置以及肌肉張力的資訊。這個系統讓你在閉上眼睛時，依然能意識到你的手臂位置。這些感覺接

受器受損的人，會發現各種動作對他們來說都變難了，而且他們在移動時必須非常小心，以免犯下錯誤。

你為何不能搔自己的癢？

當醫生幫一名極端怕癢的病人做觸診時，他們會先讓病人的手覆蓋在自己的手背上，再去做觸診，這樣就能防止病人產生癢的感覺。

為什麼這樣做會有效呢？因為不管你有多怕癢，你都沒有辦法搔自己的癢。不信的話，你去試試看。這原因在於，當你做出每一個動作時，你腦袋裡有某個部位都會忙著預告該動作的感官結果。你的腦袋既然已經預期到你自己的手會往身上招呼過來，自然就引發不了搔癢的感覺了。

腦袋的這種反應方式的好處是：可以讓你的感覺集中在外界事件中，以免重要的訊號被你自身動作所引發的無窮無盡的感官訊號給淹沒了。

譬如說，當我們寫字時，並不會意識到椅子的感覺或是襪子的質地；但是，你會立刻注意到肩膀被人拍了一下。同樣都是接觸，為什麼你會做出不同的判別？因為，如果你的腦袋所接收到的資訊只是純粹接觸的感覺，那麼你將無法分辨到底是有人朝你肩膀揮了一拳，還是你剛剛撞到了牆壁。由於這兩種情況需要的

反應非常不一樣，因此很重要的是，你的腦袋得毫不費力的分辨出兩者的不同。

你的腦袋是怎麼完成這個目標的？為了研究這個主題，倫敦有一批科學家竟然研發出一台搔癢機。當受測者壓下按鈕時，機械臂就會把一片羽毛掃過這人的手上。如果機械臂掃手這個動作，是在受測者壓鈕引發它的同時，這人會感受到羽毛掃過手，但不會有癢的感覺。

但是當掃手與壓鈕發生的時間有落差時，搔癢的效果就加強了。兩者之間只需要差個 0.2 秒，就足以愚弄受測者的腦袋，讓腦袋把機械臂的碰觸當成是別人造成的——因此，他就癢起來了。

如果搔癢機改成用拉桿來取代按鈕，尤其機械臂的掃手方向

與受測者拉桿的方向不同的時候，效果甚至更好，只要兩者的時間落差有 0.1 秒，就能產生癢的感覺了。

那麼，當你試著搔自己癢的時候，腦袋瓜裡究竟發生了什麼事？同一批科學家利用腦部功能造影術來做這個研究，因為這項技術能讓他們觀察到腦袋不同部位對各種類型的碰觸，會有什麼反應。他們觀察的腦部區域，是那些通常會對手臂碰觸產生反應的區域。當實驗人員碰觸受測者時，這些區域果然起了反應。如果是受測者碰觸自己的身體，反應就小得多了，但還是存在；然而，當受測者碰觸自己的動作與實際碰觸到身體的時間有落差時（就像搔癢機的情況），時間延遲得愈久，感覺就愈癢，腦袋的反應也再度變大了──看起來就好像你的腦袋能夠把自身動作所引發的感覺，像調節音響的音量一樣，把它轉弱了似的。

這意味著，某個腦部區域必定能產生一個訊號，來區分你自己的動作與其他人的動作。實驗人員發現了一個這樣的區域：小腦。我們稱為「小腦」的這個部位，體積只有你整個腦袋的 1/8，比你的拳頭稍小一點，重量只有 0.1 公斤多一點。

對於區分「預期的感覺」與「非預期的感覺」，小腦所在位置實在是太理想了。小腦能接收到幾乎所有類型的感覺，包括觸覺、視覺、聽覺與味覺。而且，小腦還能接收到由大腦運動中樞所送出的運動指令的整套複本。研究人員猜測，可能就是基於這個原因，使得小腦能夠利用這些運動指令，來預測每個動作的預期結果。如果這項預測吻合真實的感覺，那麼大腦就知道那是很安全的，可以不用理會那個感覺，因為它不重要。如果預期的與真實的感覺不符，那就代表有意外發生了──這時候，你可能需要小心一點！

針灸仍具有醫療價值

被針刺進皮膚，聽起來不像是讓人舒服的事，但很多人卻一口咬定那是很舒服的。這種用針進行的療法，稱為針灸，是亞洲的傳統療法，而且過去三十多年來，針灸在西方國家也愈來愈流行。大約有 3% 的美國人與 21% 的法國人，曾經嘗試過針灸。而且在美國和英國也有大約 25% 的醫生認為，在某些情況下，針灸是有用的。

關於針灸療效的科學證據，正面和負面的都有，而且爭議性還滿大的。許多這類型的研究都是由利益關係人所進行的，不論他們的利益在於證明針灸有效或是證明針灸無效。因此，這又使得我們更難判斷應該聽誰的説法。

在我們讀過的科學文獻中，最好的證據暗示：在某些情況下，針灸比起完全不治療，有效益得多，尤其是對慢性疼痛以及反胃。而且對大多數人來説，在這類情況下，針灸似乎和一般療法同樣有效。但是很少證據、甚至沒有證據顯示，針灸在其他情況下有效，例如頭痛或是藥癮。

傳統的針灸治療師相信，針灸能改善「氣」（這是中醫的説法，大意是指能量）在身體內的循環路徑──叫做「經絡」。要打通這個能量流，需要沿著經絡扎針，雖説不同的作者對於經絡及穴位的確切位置和數目，還有許多不同的意見。至於利用身體的電流或其他生理特徵來辨識這些經絡，目前為止，所有嘗試都還沒有成功。

不過，針灸對於腦袋確實有某些效應。腦部活動的功能造影

顯示，針灸對於腦袋某些部位具有特殊效應。譬如說，腳上有一個長久以來被認為與視覺有關的穴位，根據報告，刺那個穴位時，確實能活化大腦的視覺皮質，但是刺附近的其他位置則不能。然而另一項追蹤研究卻報告了不同的結果，讓人覺得這項結論還有滿大的不確定性。

腦部負責控制疼痛的區域，確實能被針灸活化──不過，它們也同樣能被「疼痛會減緩的預期心理」或是扎針位置根本不正確的「假針灸療法」所活化。

這又帶出了一個大問題，是評估所有醫學療程（尤其是針灸）都會碰到的問題：許多病人只是因為有人關心他們的病痛，就覺得病情舒緩多了。這也是為什麼在許多研究報告中，有超過一半的病人服用了沒有療效的安慰劑之後，回答說自己的病情有改善。

科學家會利用雙盲研究來解決這個問題。實驗期間，不論是病人或是照顧他們的醫護人員，都不知道誰接受的是真治療，誰接受的是假治療。

當然，要讓病人不知道自己有沒有被針扎過，就比較困難了。有些研究者曾使用過假針灸療法，將針扎入不正確的位置。結果證明，假針灸療法通常和真正的針灸一樣有效。

但是，我們也不難相信，假針灸療法可能自有它的某種療效。有一些研究曾經利用套管針來進行研究，這種針頭在碰到皮膚時，會倒縮回去，但是對於沒有被針灸過的人來說，卻會感覺好像已經被針扎進去了。而這就解決了一半的問題，但是執行療程的人還是知道病人是接受真的針灸或是假的，而這可能會讓他

們對兩組病人表現出差別待遇，進而影響到雙盲實驗的結果。

套管針實驗的結果也是真假難辨。大部分這類實驗顯示，真的針灸與假針灸效果一樣；有少數的實驗發現，真的針灸比較有效。

講到這裡，你大概已經不在乎自己為何覺得比較舒服了。其實只要你覺得舒服就好，而且如果你有興趣的話，也沒有理由不去試一下針灸。只要執行的人是合格的治療師，針灸事實上滿安全的，它引起嚴重問題的機率，2000 名病人當中不到 1 人。

即使如我們所預料的，針灸流程當中很多細節都屬於民間傳說，但是針灸在某些情況下，似乎仍具有實際的醫療價值。

腦袋裡負責分析觸覺資訊的區域，已經劃分出一張張地圖，分別對應到身體表面的各部位。每一張地圖的大小，是由所對應的身體部位的接受器數目多寡來決定的，而不是那個部位的表面積有多大。因此，腦袋裡專門接收臉部觸覺資訊的地圖，就比接收胸部或雙腿觸覺資訊的地圖都來得大。

同樣的道理，愛養貓的人應該要知道，貓腦中有很大一塊區域的神經元，是專門針對觸鬚起反應的。

我們的身體裡，另有一大群接受器可以反應疼痛的刺激，而且腦袋裡負責分析疼痛資訊的區域，也和分析觸覺資訊的區域不同。甚至於，疼痛刺激的接受器還可以分成兩族：一族專門偵測燙到與凍到的疼痛，另一族專門偵測觸痛。

如果你曾經被熱爐子燙過，就會知道，你身上有好多疼痛接受器都能激發

反射動作，讓你針對有可能立即傷害到你的危險，快速做出反應。

不過，每個人對疼痛的詮釋，也會強烈影響這些反射動作，以及影響所有針對疼痛的反應。事實上，有一整組腦袋區域專門根據情境和預期心理，來影響腦部對於疼痛的反應，威力可以強大到，譬如讓戰場上身負重傷的士兵對疼痛渾然不覺。但是，我們更常碰到的是完全相反的例子：小娃娃一看到媽媽走過來，疼痛感立刻大大的升高！

這些反應通常稱為心理性的，但那並不表示他們是裝出來的。當事人的預期心理以及信念，往往能夠製造出腦部的生理變化。

如果你找一些人來，給他們吃藥或打針，雖然其中完全沒有藥物成分，但是你告訴他們這是止痛劑，結果他們腦袋裡負責減緩疼痛的區域，活動量果然增加起來。

你如果告訴人說，他們所擦拭的乳液將能降低稍後電擊或熱刺激的痛苦，結果他們的腦裡，不只是疼痛控制區的活動量會增加，甚至疼痛訊號接收區的活動量也會減低。

根據這些實驗結果，我們可以告訴大家一個結論：當病患被告知他們的疼痛會減輕時，腦袋就會做出反應，釋出能減輕疼痛的天然化學物質，也就是所謂的腦內啡。即使只是最無害的療法，例如注射一針食鹽水，都可能導致疼痛減緩，以及腦內啡的釋出。

腦內啡所作用的接受器，與嗎啡和海洛因的接受器相同。正是因為你身體裡有腦內啡這種物質，你才能夠對那些藥物或毒品起反應。當腦袋決定「讓身體繼續運作」（或許是為了逃避持續而來的傷害）比「保護自己免受更大傷害」來得重要時，腦內啡就能讓疼痛減輕。

史丹佛大學的科學家正嘗試用腦部造影技術，來訓練人主動活化自己腦部的疼痛控制區域。要是有效的話，這項技術將能讓長期飽受疼痛折磨的人，在不需要服用假藥丸或打假針的情況下，也能減輕生理上的痛楚。

科學家是利用功能造影技術，來偵測腦部目標區域的活動。接受訓練的人，可以透過電腦顯示器，看到自己是否達到所想要的效果。利用這項科技，我們將可以掌握很大的控制權，來調控自己腦中某個區域的活動——雖然說這種方法是否真的能舒緩病人的疼痛，還有待觀察。

 實用訣竅：

轉移痛——病在心臟，痛在左臂

你有沒有經歷過，因為消化不良而引起像是胸口受傷般的疼痛？這種感覺的混淆之所以發生，是因為傳遞內臟疼痛的訊息，和從身體表面傳送過來的疼痛訊息，走的是同一條脊髓神經。像這樣多路訊息集中在一起，會令腦袋弄不清楚到底是哪裡出了毛病，只好判斷是經常疼痛的部位發出了痛楚訊息。

疼痛的感覺如果出現在非源頭位置，就稱為**轉移痛**。

基於這個原因，當病人抱怨左上臂痛時，醫師就知道這有可能表示心臟病。同樣的，腎結石有可能讓人感覺是胃痛，膽囊痛有可能讓人覺得是鎖骨附近的毛病，而盲腸炎則可能讓你覺得肚臍附近很難受。如果你在這些部位（尤其是左上臂）感覺到不明原因的持續性疼痛，建議你，馬上去看醫生。

03

你開竅，
子女就會開竅

10

長出好腦袋
童年快樂最重要！

　　在我們小的時候，父母常常叫我們不要拿著剪刀亂跑，以免受傷。就我們所能記得的，光是那些瑣事也夠他們忙得了。

　　但是，現代中產階級家庭的生活似乎變得遠較從前複雜。每天例行活動變成一疊閃示卡和嬰兒有氧運動。雜誌上這麼說，在孩子很小的時候（甚至在他們出生前）播放莫札特的音樂給他們聽，可以增加他們的智力⋯⋯

　　於是，天下的父母親不由得開始焦慮起來：要是小寶貝沒有進入適當的幼稚園，將來永遠進不了一流大學。

　　每隔幾年，總會跳出一個專家，推出更多焦慮，解釋小孩在人生初期的經驗，是如何決定了日後的智慧與成就。

　　我們那一代的父母，教養小孩的哲學好像很不一樣。王聲宏從小天天看好幾個鐘頭的電視，到現在都還記得幾乎每一集「星艦迷航記」和「脫線家族」的劇情。珊卓・阿瑪特直到 5 歲，學校朋友才肯告訴她一個祕密：除了公共電視台之外，還有其他電視頻道。因為她父母除了公共電視台的節目，其他台一律不看，珊卓從小都是在看「芝麻街」以及其他精心篩選過的教育性節目。

　　王聲宏這個電視兒童，好像也沒有輸在起跑點上；或者說，即便輸在起跑點上，長大後的聲宏，似乎把所有可能的腦袋損害都修補回來了。事實上，擔任大學教授的王聲宏，現在甚至還得擔負起訓練年輕人心智的大任呢。

　　沒錯，早期環境確實會影響兒童腦袋的生長，但是你不太需要擔心你的子女所接受的刺激不夠。毫無疑問，童年期的經驗剝奪，會影響孩子頭腦的發

育。我們先來看一個極端的例子，在羅馬尼亞孤兒院度過幼兒期的一群小孩，通常一輩子都有問題。但是，這些可憐的孩子是被孤零零的留在嬰兒床上，長達好幾年，期間只有一名看護偶爾出現，幫他們換換尿布而已。

除非你是把孩子鎖在櫥櫃裡（如果這是真的，你應該馬上停止），或是扔在嬰兒床上，好幾年不去逗他，否則你根本不需要操心小寶貝的腦袋發育會受影響。

你更有興趣知道的，恐怕是在正常環境下，頭腦如何發育及生長。頭腦初期的發育完全不需要感官經驗的刺激——還好是這樣，因為那通常都是在母體內進行的，那兒可沒有太多的刺激！就是在媽媽體內的這段時期，胎兒腦袋的不同部位一一形成，神經元出生了，並移行到它們的最終目的地，軸突則朝著目標生長出去。如果因為母體內的藥物或毒素，或是胎兒的基因突變，使得這一部分流程出了差錯，通常會造成嚴重的先天缺陷。

胎兒時期腦部的發育程度，已經足以讓嬰兒擁有許多基本行為，像是閃避快速逼近的物體。

嬰兒出生後，感官經驗對於許多方面的腦部發育來說，都變得很重要了。不過，這方面所需要的經驗，在任何正常環境裡幾乎都是隨手可得的，父母不需要擔太多心。

譬如說，我們透過第 6 章梅麥克的例子了解到，如果缺乏正常的視力，腦部視覺系統就沒有辦法正確發育。但是對於任何明眼人，這種經驗一點都不費力就能夠順利形成，父母根本不需要花冤枉錢送小孩去上視覺豐富課程，以確保他們腦袋裡這些部位能夠正確發育。

科學家對於這種「不需要刻意安排、很自然的依賴環境」的發育方式，稱為經驗—預期發育。到目前為止，影響我們腦袋生長的經驗當中，最常見的就是這一種方式。同樣的，聲音定位和「母子連繫」的正確發育所需要的感官經驗，也是隨手可得的。

感官經驗能夠發揮功效，是因為它們會影響到「哪些神經元彼此之間能夠連結」。你可能會以為，神經元的軸突怎麼生長，將會決定未來新突觸可以在

哪裡形成——也就是這個神經元會連結到哪些神經元。但腦袋採用的不是這種方法。相反的，頭腦發育的早期，在腦部適當區域的神經元之間，是先製造出大量隨機性的連結；等到胎兒出生之後頭兩年，再把使用得不夠頻繁的連結給消除掉。

 沒這回事：

聽莫札特能讓寶寶變聰明

在諸多最根深柢固的頭腦迷思當中，有一項是：播放古典音樂能提升寶寶及兒童的智力。這個想法，其實完全沒有科學根據，但是它卻怎麼樣都打不倒。或許是因為它提供天下父母一條簡單方便的路，來紓解他們對子女智能發育的焦慮——當然啦，也因為古典音樂業者只要一逮到機會，就要大力鼓吹這種信念。

這個迷思始於 1993 年，學術雜誌《自然》期刊登出一篇報告，指稱聆聽莫札特奏鳴曲，能提升一群大學生在複雜空間推理方面的表現。研究者總結它的效果，約等於在「史丹佛比奈智商量表」上，增加 8 到 9 分。

剛開始，記者並沒有察覺這些結果有多迷人；他們只把它當成發表在那份刊物上的一般科學研究來報導。但是當 1997 年坎貝爾（Don Campbell）發表新書《莫札特效應：音樂身心靈療法》，把迷思與一堆詮釋鬆散的科學論點結合起來，製造出一本甚至影響到公共政策的暢銷書之後，這個點子就乘著大眾想像力的翅膀，一飛衝天了。

隔年，美國喬治亞州州長米勒（Zell Miller）在州議會播放「快

樂頌」給議員們聽，要求通過一筆 10 萬 5 千美元的預算，用來購買古典音樂 CD，送給該州所有新生兒的父母。（「快樂頌」的作者是貝多芬，不是莫札特，不過這只能算是米勒最小的錯誤。）

很顯然，音樂並沒有讓議員諸公變聰明，因為他們竟然通過了這條提案。他們沒有注意到：只因為在成人身上具有持續 15 分鐘的效果，就主張能讓嬰兒一輩子智商增加。其實那一點道理都沒有！然而佛羅里達州議員也隨後跟進，要求州立育嬰中心每天播放古典音樂。

到了這個時候，古典音樂能讓嬰兒變聰明的想法，已經不知在全球各報章雜誌或書籍裡，重複了多少次。全世界幾十個國家的人對這個說法，都耳熟能詳。但是在複述這件事時，莫札特效應的對象更動之大，可以從大學生變為小孩子或是嬰兒。有些記者是因為認定，對於大學生的效應，必定也適用於嬰兒，有些記者則是根本不知道最原始的實驗內容。

1999 年，另外一群科學家又重做了一次最初那個大學生聽音樂的實驗，但是沒有辦法讓結果重現。雖說第一次那場實驗是否正確，其實並不那麼重要。重要的是，沒有人曾經針對嬰兒測試過這個點子。從來沒有！

雖然播放古典音樂給你的孩子聽，不見得能改善他們的腦部發育，但另一個活動卻可以——讓他們彈奏樂器給你聽！

學習彈奏樂器的孩子，比起沒學音樂的孩子，具有比較好的空間推理技巧，這或許是因為，音樂與空間推理都是由腦部類似的系統所負責的。讓你家充滿樂聲，可能真的會改善你家小孩的智力——只要他們不是被動的聆聽者，而是主動的彈奏者。

如果腦袋是一個玫瑰叢，早期的生命經驗比較像是在修剪枝葉，而不是施加肥料。

經驗—預期發育對於孩子的智能發展，當然很重要，就像嚴重的環境經驗剝奪所顯示的影響。還有一些證據顯示，學習或推理能力也同樣會因為多接觸到刺激智力的活動，也就是我們常說的「豐富的環境刺激」而更強化。但是到底能強化多少，還是一個棘手難解的問題。

有一項關鍵因素或許在於：學習具有活動性的技巧（像是彈奏樂器）與純粹的被動接觸（像是傾聽音樂），兩者之間是有很大差別的。這得請大家參閱 📷 沒這回事：**聽莫札特能讓寶寶變聰明**。

過去這幾十年來，平均智商（IQ）在許多國家都增加了，這一點我們會在第 15 章討論。這個現象暗示：現代生活所製造出來的小孩，比父母輩更擅長做這類測驗。

兩代之間的智商差異，在智商低於平均值的孩子身上，最為顯著。我們還不曉得，在智商比較低的孩子裡，第二代的這種明顯的智商增加，有多大程度應該歸功於他們享受到的「刺激智力的環境」勝過父母輩？又有多少程度應該歸功於胎兒期和幼兒期的照顧比較好？雖然我們敢說，這兩者一定都是重要因素。

　　有關「豐富的環境刺激」有助於腦袋的證據，主要都是來自實驗室的動物。譬如說，小鼠如果與其他小鼠以及各種時常更換的玩具關在一起，比起單獨關在制式籠子裡的小鼠，前者具有較大的腦袋、較大的神經元、較多膠細胞和較多的突觸。而且，環境刺激較豐富的動物，也比較容易學會完成各式各樣的任務。這種變化不只發生在年幼的老鼠身上，也發生在成年鼠或是高齡鼠身上。

　　不幸的是，怎樣把這些實驗動物的研究應用到人身上，還有很多模糊待解之處。我們不曉得，和實驗動物比起來，我們人類接受的刺激有多豐富。實驗動物居住在一個其實相當簡化的環境裡，牠們鮮少需要在複雜的地方穿梭、搜尋食物以及尋覓交配對象，而且牠們絕對不需要撰寫什麼大學申請書。

　　事實上，這項小鼠研究的結論，與其說是豐富的環境刺激對於腦袋有正面影響，不如說是在典型實驗室環境裡，剝奪刺激對於腦袋會有負面影響。

　　以上這些資訊加總起來，暗示了：社會如果能多投資一些（好比我們常聽到的，多蓋監獄不如多蓋學校），幫助那些相對來說被剝奪了環境刺激的孩子，讓他們也擁有比較豐富的環境刺激，社會得到的回報應該會很高。至於那些已經生活在豐富刺激環境的小孩，錦上添花的效果可能很有限，甚至完全沒有好處。

　　下一章我們會談到，腦袋在某些方面的發育，需要的經驗類型是很有差別的。腦袋不是一張白紙，而是預先設計好，要在某個固定階段，學習某種特殊形式的資訊。雖說你長大後會說什麼語言，要看你周圍的人到底是用什麼語言來溝通，但是你的腦袋早已經準備好了，要在剛出生的頭幾年學習語言。你的基因決定了你和環境如何互動，包括你能從中學到什麼。

壓力大的孩子 → 脆弱的成年人

　　有些人的情緒似乎就是比較容易起起伏伏。部分解釋可能在於：最初的人生經驗會增加成年後壓力激素系統的反應度。這一點，在大鼠及猴子身上都是真的，或許在人類身上也是如此。

　　在懷孕的齧齒動物體內，壓力會導致身體釋出大量的糖皮質素（腎上腺皮質產生的類固醇激素）。一旦暴露於這種激素當中，會造成子女在日後產生各種問題。最典型的問題包括：出生時體積比正常動物來得小，而且成年後也比較容易罹患高血壓與高血糖。這些在胎兒時期就飽受壓力的動物，長大後會表現出比較焦慮的行為，同時也比較學不會實驗室的各種測試。

　　好消息是，如果剛出生頭幾星期，能得到大量母愛，大鼠成年後的抗壓性就會比較強。來自母親的理毛動作，能永久性的增加海馬（大腦邊緣系統的一部分，與記憶有關）裡的壓力激素受體基因的表現。由於這些受體的活化可以減低壓力激素的釋出，因此充足的母愛能夠減低大鼠寶寶壓力激素系統的反應度，讓牠們日後比較不容易害怕。

　　至於早期缺乏母愛的成年大鼠，如果能用人工方式增加這些基因的表現，或是把牠們養在刺激豐富的環境中，壓力激素容易釋出的毛病還是可以獲得改善。

　　以上都只是齧齒動物實驗的結論。科學家其實還不確知壓力在人腦造成的變化，是否也類似在大鼠身上觀察到的變化，而且科學家也不知道，這些效應在成年後是否有可能藉由藥物治療來逆轉。

但是我們可以合理的推測：嬰兒時期一旦飽受壓力，可能也會讓人變得更脆弱。如果在很小的時候就受到虐待、忽視、嚴厲對待或是鬆緊不一致的管教，將會增加日後憂鬱、焦慮、肥胖、糖尿病、高血壓及心臟病的風險。

11

學語言、學音樂，要趁早

把握敏感期

嬰兒是了不起的學習機器。

你大概已經知道，說到學習，年輕的腦袋是有一些過人之處。但是你可能並不了解，它們的能力是有針對性的。嬰兒的腦袋並不會像海綿一樣，等著吸收任何接觸到的事物。嬰兒帶到世界上來的那顆腦袋，早就已經準備好要在規劃過的各個發育階段，學習特定的經驗。

在人生最初的那十幾個月，也就是經驗（或剝奪經驗）對頭腦的發育具有強烈或永久效應的那段期間，稱為**發育敏感期**。也正因為我們在敏感期就深深烙印了母語的口音，成年之後才學其他語言，難免都會帶有母語的口音。

當然啦，年紀增長後，你還是可以學習新東西，但是在某些項目上，你就是沒有辦法學得太徹底，或是只能用不同的方法來學習。但從另一方面來看，也有很多種學習型態是終生都一樣容易的。你如果想學習法律或是學編織，年輕並不能讓你占優勢，但是你如果想成為真正的滑雪高手，或是把某種語言講得像是母語，你最好還是從很小很小的時候就開始學。

敏感期可以想成好像是蓋房子。你在蓋一棟房子時，可以很容易就決定要怎麼安排各樓層的臥室和陳設。一旦房子蓋好，要再改動就困難多了。你當然可以重新安排，或是更換家具，但是除非你願意再投入極大的工作量，否則各樓層的配置就是那個樣了。

腦袋建構的機制也是同樣的方式：在人生初期，能夠容許比較輕易的變動。

雖然在敏感期比較容易學習，但是我們若努力一點，或是用對方法，在後來的階段還是可以學習得不錯。譬如有些人就是能把長大後學到的第二外國語，說得非常流利，聽起來好像在說母語一樣。

　　然而，成年後才學某種語言，即便學到完全流利的程度，腦部造影結果顯示，這些人聽到母語和聽到另一種語言時，腦部活化的區域雖然很靠近，但仍是不相同的。所以說，不止是兒童比成年人更擅長學語言，他們還有辦法只用單獨一塊腦部區域來支援多種語言。這告訴我們，成年人如果想學新語言，必須另外撥出一塊腦部空間才行。

　　學習母語的敏感期到底是在什麼時候結束？這個問題很難回答，因為幾乎所有的小孩都不停接觸到母語；如果沒有，這樣的孩子多半是受到了虐待。不過，有一群小孩通常比較晚才學語言，吸引到滿多語言學家和神經科學家來研究，那就是失聰的孩子。

　　失聰者的語言，是手語。由於失聰的小孩幾乎父母都是聽力正常的人，因此這些孩子有不少人是直到入學才開始學手語的。有些失聰的孩子甚至在青春期或年紀更大之前，都不認識任何會手語的人。他們從小和家人溝通時，用的是打手勢，而不是手語。

　　手語並不只有一種語言，而是有好多種差異非常大的語言。和口語一樣，手語也有文法，譬如說，美國手語的文法比較接近美洲原住民的納瓦荷族（Navajo）口語，而非美語或英語。也因此，雖然英國和美國的口語差不了多少，溝通無礙，但英國失聰者可就沒有那麼好命，能夠和美國失聰者自由溝通，除非其中一人學過對方的手語。

　　手語和口語使用的是類似的腦部機制。這兩者都牽涉到同樣的語言區，對於 97% 的人來說，這個區域是在左半腦上——位於大腦皮質額葉的**布羅卡區**，負責產生語言；位於顳葉的**韋尼克氏區**，負責了解語言。

　　手語也具有「情緒音」，在口語上稱為聲韻。產生聲韻的區域，位在右半腦上、與布羅卡區和韋尼克式區相對的區域。手語和口語都遵守類似的文法規則（請參考 ⓦ 你知道嗎：**學會某種語言的能力是不是天生的？**），手語甚至也有

學會某種語言的能力是不是天生的？

我們沒有辦法否認，孩童在語言能力的發展上，學習（和環境）扮演了非常重要的角色。畢竟，一個中國嬰兒如果讓美國父母領養，長大後說的是美語，而不是華語。

但是，有一項很具影響力的理論指出：頭腦對於它能學什麼型式的語言，彈性並非無限。相反的，人似乎受限於一組建構句型的基本規則，而這套規則是預先設定在大腦硬體裡的。

普遍語法這個想法，最早是由語言學家杭士基（Noam Chomsky）提出來的，他指出：世界上各種語言並不像表面看起來那般不同，每種語言的字彙可能天差地遠，但是說到句型建構，方式其實滿有限的。

從這個觀點來看，任何一種語言的文法，其實是由幾十個參數所規範定義出來的，例如，形容詞應該擺在名詞的前面或後面，前者就像英文，後者則有西班牙文為例。而嬰兒就好像是在學習如何撥動腦袋裡各種參數的開關，然後只根據少數簡單的指示，產生出某種語言的全套複雜語法。

語言學家研究過全世界的語言，將它們的差異點與相似點，分門別類，企圖釐清這些參數。這是一項漫長而困難的研究，部分原因在於許多語言都是彼此相關的。例如，法語、西班牙語和義大利語都屬羅馬語系（也稱拉丁語系），它們的字彙發音聽起來很相像，因為都是由同一種比較古老的語言演變出來的。基於這個原因，要驗證普遍語法的理論是否正確，最好的樣本是那些最不尋常的語言，它們和世界上幾大主要語言的關聯最小；然而

對科學家來說，要辨認與分析它們也最困難。

普遍語法這個理論，最可靠的支持來自「教人學習不符合普遍語法的人工語言」的過程。譬如說，許多教導聾啞學生的老師，都想要發明比較接近當地口語的新手語，以為這樣比較好教、好學。但是這類人工語言大都不符合自然語言的普遍語法，學生反而學不好。經常出現的狀況是，孩子老是學「錯」──孩子總是把它改得比較符合普遍語法，而非接受老師刻意教的人工語言。

看起來，我們的腦袋裡好像已經預先內建了一套程式，讓你只能學會符合普遍語法的語文。

相當於口語的口音，發言者如果不夠流利，手指和手勢就會比劃得有一點點錯誤。所以，手語和口語的深厚相似性提醒了我們，研究比較晚才開始學手語的人，可以提供我們諸多與學習口語有關的寶貴資料。

正如預期的，很小就學手語的孩子，比起年紀較大才學的孩子，手語流利得多。失聰的孩子直到 7、8 歲才開始學手語，還不會遇到明顯的問題。但是 12 歲以後才學手語的孩子，幾乎就不可能把手語學得非常流暢了；最常見的毛病是，他們會弄錯文法，以及帶有「口音」。學習年齡如果是介於 8 歲到 12 歲之間，最後手語能學得多流利，則是因人而異，差別很大。譬如有些人會有「口音」，但是文法非常正確。

同樣的道理，聽力正常的小孩若是直到小學的中年級才學口語，仍然有辦法說得像從小就學母語一樣自然。至於學習文法的能力，似乎又能持續到更大一點，可能到國中階段。雖然如此，對任何人來說都會有一個時間點──只要超過這個年齡，不管你學什麼語言，都像是在學習外語一樣，毛病百出。

音樂和語言一樣，愈早接觸愈好

音樂和語言，都是在於：把元素安排成有變化、但又能遵循某些固定規則的序列。這份相似性令科學家十分好奇，頭腦會不會以同一種方式來處理這兩種資訊？

到目前為止，結論正反都有。功能造影顯示，與音樂的和聲有關的差事，能夠活化負責產生語言的布羅卡區，以及活化右半腦相對位置上的一塊負責產生聲韻的區域。（聲韻就是聲調的高低，它能讓你聽出，某人到底是真的在發問，還是在諷刺。）音樂和語言也同樣能活化大腦裡與聽覺資訊的定時有關的區域。

然而，有些腦部受傷的人，雖然失去語言能力，但卻保有音樂能力，反之亦然。所以音樂和語言這兩項功能在腦袋裡，起碼有一部分是分開的。

當然，我們沒有理由說，這個議題只可能有「是」或「否」兩種答案：很可能的情況是，腦袋裡處理語言的區域和處理音樂的區域，最後發現確實有部分重疊，但不是完全重疊。這個看法如果正確，很可能提供了科學上的基礎，來支持一個很多人都相信的想法：如果想練就高超的音樂技巧，一定要從小開始學！

在聽力發展方面，確實有幾個項目，能因從小就有經驗的刺激而獲益。在實驗動物身上，聽覺皮質中的音頻地圖，就需要在它的發育敏感期，接觸到正常的經驗刺激。人類的腦電位變化測量紀錄則顯示出，對於音調的反應，小孩在大約 12 歲以前都還具有可塑性。至於失聰的人，就算植入了人工電子耳（只能製造出少數幾種聲音訊號，請參考第 7 章），他們進入成年期後，對於

音調的反應還是一樣不正常。

音高的辨識也與聽覺經驗有關，在兒童期尤其容易學。要發展出絕對音高（也就是有能力分辨出單音的音高，而非某個音與其他音符之間的相對音高），需要的似乎不只是先天的素質，也需要在 6 歲之前體驗到相關的聽覺經驗。絕對音高這種能力，在以「聲調語言」為母語的人口當中，更為普遍，例如華語（包括國語、閩南語、客家話、廣東話等），因為音高是華語裡用來分辨不同字彙的重要依據。

接受音樂訓練，是否也有特定的敏感期？成年的音樂家與非音樂家在頭腦生理結構上，的確有所差異，但那可能是天生的差異，而非敏感期的經驗不同所致。但音樂家對他們擅長的樂器所彈奏出來的音符，腦袋會呈現特別的電反應，這可能是後天練就的；這類效應在 10 歲之前就開始學音樂的音樂家身上，尤其明顯。至於和聲結構，很多人認為在 8 歲以前學習，比較容易。

總之，我們敢打包票的是，在人生早期就開始學音樂，確實能占到許多優勢。

「不同的語言技巧，在不同年齡範圍失去可塑性」這件事，說明了另一個有關敏感期的重點：不同種類的學習，具有不同的時機。

學習語音的最佳時機，比起學習文法的最佳時機，要來得早。同樣的道理，觀看動作的能力，似乎是比觀看物體的能力，更早發育（請參考第 6 章）。難道那意味著，並沒有單單一個廣義的敏感期？而是只有一個個的特定敏感期，各自針對特定種類的學習？

還好，這個社會不容許隨意拿嬰兒做實驗，科學家只好轉向其他動物，來研究敏感期的生物學理。譬如說，像斑胸草雀（錦花鳥）這類鳴禽，必須學習唱出自己專屬的、與其他鳥兒不同的調子，通常得向父親學習。如果一隻小雄鳥沒有學習對象，最後牠會唱得怪腔怪調的，成年後將很難吸引到配偶。

和嬰兒一樣，小時候的鳴禽也並非什麼東西都學得來。小斑胸草雀如果由同屬梅花雀科的「十姊妹」輔養長大，還是沒辦法正確唱出十姊妹的歌。在某些案例，被領養的斑胸草雀會從養父的歌曲裡學一些聲音，但是會把這些聲音按照斑胸草雀的音符序列來串連組合，這似乎是牠們的本能。

你可能會抱怨，每天湧進來的資訊量實在太大了，都快讓垃圾訊息給淹沒了。那麼你該想想，如果你是一個新生兒，情況又如何呢？要是沒辦法把有意義與無意義的刺激給區分開來，嬰兒可能會把力氣都用來學習鳥叫聲，或是模仿洗衣機和乾衣機的聲音，這麼一來，他們長大後要融入社會，可就難囉！

好在我們都很幸運，我們的腦袋並不是以一張白紙的姿態，進入這個世界的，而是早就拿定主意，知道自己應該要學什麼了。

12

老爸老媽怎麼那樣煩啊！
青春期叛逆有理

　　珊卓・阿瑪特和王聲宏，都很喜歡把自己想成穩重又負責任的成年人，有正當職業，在社會上安身立命。但其實我們並不是一直這麼中規中矩的。從 13 歲到 23 歲之間，我們起碼出了 5 起車禍，跑了 3 趟急診室。這些事件都是有可能預防的，長大之後，我們的人生就很少出現這種戲劇性的場面了。我們多多少少還算平安的過渡到成年期，而且，還有辦法撰寫我們的腦袋在那段人生風暴期裡的變化呢。

　　在青春期，頭腦和身體會經歷即將轉型進入成年期的巨大變化。這項轉型包括：向父母爭取更大的獨立自主權、想要負擔諸如就業或成家的重責大任，以及走過狂風暴雨般的情緒漩渦。而最後這項情緒控制能力的轉型，很可能是由腦部的變化所引起的。

　　在許多哺乳動物中，包括人類，剛剛成年的動物比起年幼者或成年動物，通常行事比較衝動，個性也比較敢冒險。差不多在青春期的時候，許多哺乳動物都更專注於與社會上其他份子的互動，而且很喜歡嘗試新奇的事物。

　　這些變化，可能是年輕人的大腦某些系統比較晚成形的結果。隨著青春期的進行，年輕人逐漸改進他們的行為規劃能力及組織能力、逐漸能抑制衝動、控制情緒，增加專注度和記憶力。這表示腦袋裡的這些系統在青春期之前，其實還沒有發展好。

　　雖然頭腦在 6 歲時，容積就已經達到成年期的 90% 了，但是在那剩下的 10% 淨成長期間，腦袋瓜仍然有很多工作要忙的。神經元之間的連結一直在快

打動作電玩，增進腦力

簡訊、手機、電子郵件、電視、電動玩具、動畫廣告看板——現代世界裡頭充滿了這些動個不停的東西，而且它們好像都是同時間冒出來的。如果你是老人家，恐怕會想：這麼多的刺激，年輕人怎麼不會頭昏呢？

不頭昏的原因在於，年輕人的腦袋已經給訓練得很能夠處理這些玩意了。持續練習執行多重任務，能讓人增加「同時注意很多事情」的能力。要進行這種練習，有一個很棒的方法是打「動作電玩遊戲」。你知道嘛，就是那種讓父母恨得牙癢癢的，要求遊戲者盡可能在自己掛掉之前，射死愈多敵人愈好的遊戲。這些電玩要求遊戲者把注意力擴展到整個螢幕的各個角落，而且要快速偵測、快速反應。

不幸的是，玩俄羅斯方塊卻沒有辦法對大腦造成同樣的功效，也許是因為它只要求遊戲者專注於一個掉落下來的物件，而不是同時進行好多項任務。

有一項研究結果顯示，常打動作電玩的大學生，在極短暫的視覺刺激中所辨認出的物件數目，能比不打電玩的大學生多出50%，而且這些動作電玩高手記取資訊的速度也較快，能夠同時追蹤更多事物，轉換任務的能力也較強。

你可能會想說，這些人天生這方面的能力就比較強嘛，所以才會選擇常常打這種動作電玩。但是另一組不常打動作電玩的學生，經過每天 1 小時、為期 10 天的動作電玩遊戲訓練後，專注力也能改善。這表示，這些技巧是練習這類電玩的直接成果。

這是否意味著，做父母的人就應該鼓勵孩子大玩「把他們殺光光」的動作電玩遊戲？我們可不是想建議讓小孩接觸暴力影像，但是做父母的人不妨記得，打動作電玩也有正面效益。

　　將來，我們希望能看到有業者設計以動作為基礎，但是不以暴力為誘因的電玩，一方面能吸引孩子去鍛鍊「同時執行很多任務」的能力，改進他們的專注力，另一方面也能讓業者賺大錢。例如把「模擬城市」（Sim City）……也弄進來一輛失控的巴士，如何？

速形成中，不過腦部不同區域的發展速度並不相同。在最後形成的連結當中，有一些是在前額葉皮質，這個區域對於道德推理以及生涯規劃能力，非常重要。就全套功能完整的前額葉連結來說，青少年只能算是來到半路上，前面還有一大半的路途要走。

要解釋青少年的行為，有一個可能的來源是研究囓齒類動物，但是我們也無法確定那些資料是否適用於人類。囓齒動物的腦袋裡，那些含有神經傳遞物質多巴胺的神經元，可能參與設定個體的冒險程度以及對各種報償的滿足度。這類神經元會連結到前額葉皮質、紋狀體、還有和處理情緒密切相關的依核與

你知道嗎：

智力與腦容量沒有關係

你可能會認為，腦袋比較大的人擁有比較高的智力。

事實上，腦容積與智力的關係，在成年人身上其實不強，至於在小孩身上，則是沒有辦法去測量這兩者的關係。不過，有研究指出，在腦袋發育過程中，智力與腦袋結構之間可能有一種很微妙的關係。

智力的關鍵因素之一可能在於：發育期間，突觸於何時形成（以及何時移除）。有一項長期研究發現到：智商與「童年及青春期的腦部生長與萎縮模式」有關聯。這項研究歷時 10 年以上，科學家利用造影方法，監看超過 300 名孩童的腦部結構，從他們 7 歲時追蹤到 19 歲。他們根據這些小孩的標準智商測驗成績，把他們分成三組。

較高的智力，與大腦皮質層增厚的時機有關：孩子智力愈高，他或她的大腦皮質增厚高峰期愈晚。在三組孩子當中，皮質層停止增厚的時間點都是 19 歲。但平均說來，皮質增厚高峰期最早的，落在智力普通的孩子群；皮質增厚高峰期最晚的，則落在智商超過 120 的小孩群之中。

智力普通或是比普通稍高的這兩組小孩，增厚高峰期通常出現在 7 歲到 9 歲之間；但是智力最高的那組孩子，增厚高峰期往往會延後到 11 歲。而增厚高峰期過了之後，皮質層就會開始萎縮回成人的厚度。

在這段變化期間，腦袋裡頭到底發生了什麼事？

並不是產生新的神經元。因為腦袋在 6 歲時，容積已經達到成年人的 90% 左右，那時幾乎所有的大腦神經元都已經出生了。剩下來要增加的腦容積，必定是由其他形式的生長造成的，譬如說，樹突與軸突的生長，讓皮質變厚。這暗示了：在智商成績高的孩子身上，或許樹突與軸突是以比較穩定持久的步調，來變得更長或是分枝更密。

皮質的增厚與減少，或許是和突觸連結的形成與失去有關。這件事很有趣，因為它暗示我們：形成神經元之間的連結，與淘汰神經元之間的連結，或許是兒童及青少年智力發育的關鍵項目。

但是我們必須提醒：做父母的人，還不用急著把孩子送去做腦部掃描。因為所有我們發現的這些線索，只是觀察 300 名孩童所得到的粗略結果而已。取樣實在太少，效應也不夠明確，還不足以拿來預測你的孩子未來在課業上的表現。

杏仁體。這些神經元的連結，彼此之間的平衡，在青春期似乎會變動——青春期初期，是由皮質的連結主導，其他的連結比較弱，展現出來的個性似乎是偏向尋求新鮮；到了青春期的末期，比重就會反過來。

科學家認為，在青春期，皮質多巴胺系統對於壓力特別敏感，使得青春期的動物（人類及齧齒類都會）比較沒有能力應付壓力源。

腦袋成熟的過程，似乎也讓青少年在人生旅途上，首次遭受各種精神疾病的威脅。青春期的一個特徵是，罹患情緒失調疾病和精神病的風險會漸漸升高，而且這些疾病的兩性差異也會浮現。

例如，在 20 多歲被診斷出患有精神分裂症的人，通常他們在青春期就已經顯露出最早的病徵了。同樣的，罹患憂鬱症和焦慮症的比率從 13、14 歲左右開始增加，在 18 歲就達到成年人的程度。女性罹患這類情緒失調疾病的數目，是男性的 2 倍，這項差異也是始於青春期。至於為什麼青春期會增加這類腦部功能失調的風險，我們現階段還不很了解。

對於腦部結構如何產生行為，我們仍只有一些初步的了解。我們知道，在衝動的青春期，大腦前額部分仍然在發育之中；但是我們並不清楚，一個局部成熟的頭腦結構，是在什麼時候、以什麼方式開始行使功能的。

譬如說，兩性的前額葉發育並沒有出現差異，然而男性顯然比女性更愛嘗試冒險之舉。（我們這兩位作者的經驗就很吻合：前面提到的那些意外，只有 1 次車禍和 1 趟急診室之旅屬於珊卓，其他都是王某某的紀錄。）我們還不清楚，這種性別差異的基礎是什麼。也許是與多巴胺系統的差異有關吧，因為雄鼠在青春期顯示出，紋狀體內的多巴胺受體減少的量，遠比母鼠多。

「腦部晚熟能解釋青少年行為」的想法，深具吸引力，而且報章雜誌也討論得很兇。既然青少年普遍表現出叛逆、莽撞的特性，行事往往不計後果，也難怪天下父母們一聽到研究暗示青少年腦袋還沒有完全成形，便雀躍不已。想到那些壞行為是因為腦袋晚熟的結果，就令人安慰。因為這意味著，那不是父母的錯，也不是小孩的錯，而且最重要的是，那是一個等孩子長大就會自然解決的問題。

所謂「腦部晚熟應該為青少年的行為負責」的想法，雖然仍缺乏直接的證據，但是這個想法多少有一些佐證。

例如，有一項腦部結構會一直發育到大約 21 歲，那就是長距離的連結。大部分神經元在 2 歲之前就已經現身了，但是它們之間的連結卻比較晚熟。負責在神經元之間傳送電訊號的軸突，外表包覆著一層絕緣的外套，稱為髓鞘，它們能讓電訊號移動得更快速、更有效率。髓鞘形成過程是在腦袋發育的最後一個階段，才會完成的，也就是直到成年初期才會大功告成。最後完成髓鞘形成過程的腦部區域，是前額葉皮質，這個部位對於抑制行為和選擇行為，非常重要；而這兩種能力似乎正是許多青少年所欠缺的。

此外，就在同一個時期（成年初期），情緒區域也才發育完全。也許這代表了在青春期，情緒並不是那麼容易調節的。

雖然前額葉區到青春期還在生長，但是腦部其他區域的體積和髓鞘的形成，都已經發育到成年人的程度了。於是，青少年在反射動作和吸收新知方面，都顯得頗為成熟了。與成年人相比，他們學習新知（以及遺忘新知）的速度，都比較快。

基於這幾方面的成熟度與能耐，年輕人事實上已經堪當大任了。在全世界許多農業文明中，年輕人只要長到 12、13 歲以上，就會給視為成年人。看在現代讀者的眼裡，可能會覺得這種做法很怪異，但是你知道嗎，「青少年」這個名詞其實是一個很新的玩意兒，大概只有過去一個世紀以來的城市社會在使用。這可能是因為 20 世紀及 21 世紀的生活，複雜度愈來愈高，需要把教育期拉得更長。又或者是因為，成長變得像其他許多任務一般，必須延長，才能塞滿我們現在變得更長的壽命。

13

一目十行，過目不忘
增強學習力與記憶力

想想看，假如有這麼一條狗經常在前院打轉，追逐街上開過來的每一輛車子。這天，由鄰居一名青少年駕駛的紅色雪佛蘭跑車，撞上了這條狗，把牠的腿撞斷了。狗主人可能會想，也好，給牠一個教訓，讓牠知道追車子很危險。但事實上，狗兒學到的教訓可不一定就是這個。相反的，這隻狗學到的可能是「不該追逐紅車子」，或是「應該到另一條街上去追車」，或是「以後應該要離青少年遠一點」。

再想想看，假使有另一條狗被主人打得很慘，結果一輩子見了人就怕，不管他們有多可親。

第一隻狗對牠的經驗，「以此類推」的程度明顯不足，第二隻狗則是類推得太過了。

我們全都會從經驗中學習，但是想要弄明白什麼是我們應該從中學習的，卻沒那麼容易。我們都知道，有些人會一再重複某些錯誤，即便因而受到處罰；有些人只因為一次失戀，就從此不再信任他人。為什麼會這樣呢？

關於「我們能學習到什麼」，影響因素有好多重，包括：我們這個物種的生物特性，我們個人的遺傳特質，以及獨特的私人經驗。不同種類的動物，不只天生的行為不同，學習癖好也有所不同。專門訓練動物的人都很了解，你如果順應動物的天性去教牠們玩把戲，就很容易教會，如果違背牠們的天性，就很難教會了。

譬如說，野豬靠著又寬又扁的鼻子，挖掘樹根過活。演化不只把牠們的身

體形狀塑造得非常適合這項活動，連牠們的腦袋也一樣。基於這個原因，你很難教野豬學會用鼻子頂起一枚銅板；但是相反的，農民飼養的豬兒見到銅板，會一再的埋起來，之後又挖出來，即使這樣做沒有獎賞，甚至會遭到懲罰，牠們還是照挖照埋不誤。

　　同樣的道理，雞天生喜歡啄東西，所以你如果訓練牠去啄鑰匙得獎賞，是很容易的；但是你如果想訓練牠們乖乖站在台上，不亂啄東西、也不抓搔身體，可就難了。有些行為完全沒有辦法訓練。例如，想要藉由獎賞，教一隻倉鼠抓搔身體，絕對是白費功夫；倉鼠只有在想抓的時候，才會去抓，不管你怎麼誘導哄騙，都沒有辦法改變牠們的習性。

 實用訣竅：

你應該在考前開夜車苦讀嗎？

我們都做過這種臨時抱佛腳的事。幾乎所有的人都曾經有過在班上學習落後的經驗，考試前就是來不及追上進度。在考前最後幾分鐘密集苦讀，至少可以讓你通過考試，而那當然有它的好處，但那並不是你最理想的時間運用方式。

怎麼說？心理學家早在一百多年前就知道了，你的腦袋如果有機會在每次訓練的間隔期，處理一下你學到的東西，腦袋將有辦法把許多種資訊保存得更久。

分散學習（間隔學習）的優點是成效比較大，而且可靠。兩次研習課程中間留一點時間，比起總時間相同、但是一次上完所有的課程，前者學習的成效可以是後者的兩倍。

間隔的訓練，對於各種年齡和程度的學員都有效，而且不管哪一種課程都是如此。不必訝異，間隔訓練也同樣適用於動物，所以啦，你如果想訓練你家狗狗，最好牢記這個原則。

對於同一物種的不同個體來說，學習也有很大的差異。個體之間的行為差異，主要在於腦部結構不同，尤其是神經元的連結不同。

你是不是很衝動的人，遇到事情很快就有反應？或者，你的舉止總是平靜而從容？你是不是攀岩技巧高超的人？你知道美國所有 50 州的首府嗎？你是否很擅長修理機械？⋯⋯以上所有這些能力，都是由「你的神經元如何彼此對話」來決定的，是由「你的腦袋在嬰兒期如何布線」加上「從那之後如何透過學習，形成新連結或斷掉舊連結」，加總而成的。

神經元的連結所遵循的規則很簡單，你的體育老師最清楚不過：不用它，就會失去它！

神經元會把常用的突觸給強化，把沉寂的突觸給減弱甚至移除。這個過程在嬰兒時期比較容易發生，但是在成年期還會一直進行下去。每一天，當你的小孩放學回家（或是練完籃球回家），他們腦袋裡的神經元連結已經和早晨醒來時，有一點點改變了。

我們在第 3 章提過，當某個電流訊號抵達軸突末端時，會引發軸突釋出一種化學的神經傳遞物質，這種物質能與突觸間隙另一邊的神經元受體結合。在大部分案例，想要引發下一個神經元產生有效的動作電位，需要好多個突觸同時活化。如果發生這種狀況，所有活化的突觸都會給強化，使得下一次它們對於接受端的神經元更具有影響力——不管是因為釋放出更多的神經傳遞物質，或是因為有更多的受體來接受訊號。這種強化過程稱為長期增益（LTP）。

當然，突觸不能無限制的增益下去，否則終會超過負荷，而腦袋也會失去學習新資訊的能力。面對這個問題，頭腦有好幾招來應付，最直接的一招就是依使用程度的多寡來減弱突觸的連結，叫長期抑制（LTD）——當突觸活化時，接受端的神經元若沒有接收到足夠引發動作電位的刺激，該突觸就會弱化。

頭腦還有另一招更長久之計：形成新突觸，消除舊突觸。這樣做可以讓神經元的連結重新分配。

這些變化統稱為突觸可塑性，在某些階段比較容易發生，例如嬰兒期。到了成年期，突觸可塑性只在腦袋某些部位比較容易出現，例如海馬（我們在第 23 章詳細討論）。

你的腦袋擁有十幾種方法，來學習資訊，每一種方法用到的腦部區域的組合並不相同。譬如說，要學習新的事實與地點，會動用到你的海馬與皮質，但是學習新舞步，卻需要用到你的小腦。

研究人員知道很多與突觸可塑性相關的訊號路徑與化學分子。科學家可以利用這方面的知識，來製造很容易學習的小鼠，或是很難學習的小鼠，只要讓牠們的 DNA 少掉一個基因就可以辦到。這項研究暗示了，修改突觸是腦部最

為什麼有些事情容易學，有些則不？

大部分人遲早都會發現，僅只一次經驗，就可能會導致極強烈、甚至永久的「學來的反應」。

對珊卓來說，是柳橙汁！自從大學時代那場不幸的派對上，嚐到混了過量伏特加酒的柳橙汁以後，柳橙汁的味道對她來說，就再也不對勁了。對你來說，可能是再也不敢吃貝類，只因為去年某次午餐吃到不新鮮的牡蠣。

像這樣的味覺嫌惡，是一個很鮮活的「準備好的學習」案例。對於你在生病前所吃的食物，你很容易發展出一種強烈的嫌惡，即使只發生過一次。但是你從沒聽人說過，「我受不了再看一眼那件 T 恤，在我生病那晚，我約會的對象就是穿那件 T 恤。」這很合乎常理，因為時尚品味不太可能造成你的生理病痛（雖說對於時尚迷來講，也許有例外）。

許多疾病都是由食物引起的。腦袋怎麼知道，是食物和你的病有關聯？我們在第 10 章提過，嬰兒的腦袋並不像海棉一樣，準備吸收任何發生的事。因此，成年人也有明顯的學習癖性，這件事應該不會太令人意外。許多這類癖性（也就是，學習某些事情比較容易，學習某些事情比較困難），尤其是和自身安危有關的事，似乎是出生就內建好的，人類及其他動物都一樣。

這是因為演化選擇的標準只看結果，這種「準備好的學習」方式對於確保某隻動物能適應自己的環境，尤其是在無法預測環境細節的情況下，可能很有效率。

重要的工作之一。事實上，有幾百個基因能夠影響學習，有幾十個基因能影響智力。有許多路徑都是在執行類似的工作，因此如果有需要的話，它們也是可以彼此取代的，以避免完全喪失學習能力，因為那對動物來說，會是天大的災難。

有一項學習型態，心理學家了解得特別透澈，而且也很重要，那就是恐懼制約：學習去害怕環境中某一項能預告災難臨頭的刺激。

最常見的恐懼制約實驗，往往是像這個樣子：一隻大鼠給關進一座不熟悉的籠子，這時突然響起一個音調，緊接著大鼠就受到一次輕微的電擊。經過反覆幾次這樣的經歷後，大鼠學會一聽到那個音調響起，就僵住不動（齧齒類動物害怕時的典型反應），因為牠預料隨後會有電擊。

紐約大學的科學家證明了：聽覺訊號是直接由視丘（相當於機場指揮航管的塔台）送往杏仁體的。杏仁體的體積很小，是一個對情緒反應很重要的區域，尤其是恐懼之情。動物受到制約後，一聽到那個音調，杏仁體內某個特定區域的神經元，就會激發出比從前更多的動作電位。神經元的這些電流反應上的變化，差不多就是在大鼠展現出害怕行為後出現的，這暗示了可能是由杏仁體的特定區域造成那種「因為學會害怕」而引起的僵住。同樣的，杏仁體受損的大鼠或人，都無法形成正常的恐懼記憶。

恐懼制約也可以用另一種流程來抵消，那就是消弱：讓某個受制約的動物一再經歷「聽到音調，但是卻沒有出現電擊」。這個過程發生的次數如果夠多，大鼠將學會「不再一聽到那個音調，身體就僵住」，而牠們的杏仁體神經元也不再針對那個音調，點燃如此強烈的反應。

不過，消弱是疊加在原先的恐懼制約之上的，它並不能把腦袋還原成最初的狀態。消弱似乎與前額葉皮質區域的學習有關，腦袋這個部位專門負責篩選出「面對各種環境時，最適合的行為」。

經過消弱訓練後，前額葉皮質的神經元似乎變得更有反應，而且還會壓抑杏仁體神經元在聽到那個特定音調時的反應。但是前額葉受損的大鼠，即便消弱訓練能暫時減低牠們的害怕反應，訓練成果卻沒有辦法持續，所以到了第二

天，牠們又會表現出彷彿從未接受過消弱訓練的模樣。

和其他類型的學習一樣，消弱訓練也會受動物天性的影響。比方說，如果想要訓練我們消除對蛇或蜘蛛的恐懼，就非常困難，因為那些都是我們演化歷史當中很重要的危險源。

杏仁體也能促成另一種類型的學習——情緒上的激動，會讓我們注意到該次經驗當中最重要的細節。譬如，持械搶劫的受害者通常會記得槍枝的長相。反觀杏仁體受損的病人，在緊急時刻，可能就沒有辦法記得一些重要的細節。

在大鼠和人類身上，突然增加的壓力會以兩種方式來強化學習：一種是透過釋放腎上腺素，另一種是透過釋放糖皮質素。這兩種激素都會作用在杏仁體和海馬的受體上，以增強突觸可塑性。然而長期的慢性壓力，可能反而會大大損害學習能力。如果你想訓練你的狗狗，這是另一項值得記住的要點。

腦袋裡各個不同的學習系統，都有獨特的性質。就拿恐懼制約來說，杏仁體能夠讓你學會只發生一次的事件，只要那些事件所引發的恐懼夠大。但是換成另一個完全相反的例子，想想看，如果需要記憶一長串事實，大部分人必須重複多少次才能記得牢？像這類無聊透頂的工作，用的是另一種系統：海馬。

海馬負責學習事實，也負責學習事件與順序。大部分與學習事實有關的祕訣，都利用到人類天生占有優勢的學習方式。就像豬老是想埋東西，雞老是想啄東西，人在自然環境中，也有比較容易學習的方式。第 6 章曾經提過，人類是極端視覺導向的動物，我們的皮質起碼有 1/3 在從事視覺資訊處理工作。此外，事件的順序以及物件彼此間的距離，對於我們來說也都是很自然就可以分辨的，因為這些正是我們體驗世界的方式。

最後，我們想告訴你一個很有效的方法，可以把好幾種學習訣竅融合起來：想像你正在一棟房子裡走動，然後把每一件你想記憶的事件，分別與房子裡某幾個特別的地方聯想在一起。這樣就很容易把一堆事情記牢了。

如果你覺得這樣做還是太麻煩，你也可以利用杏仁體途徑，來個一次就搞定。若是這樣，你每學會一件事實，都必須經歷一次極強烈的恐懼。不值得的啦！

轉移注意力，把不好的事忘了吧！

　　熟能生巧，我們常聽人這麼說。許多一流的表演者，從運動員到演員，都學會在上場之前，先在心裡預演一遍他們希望達到的結果。將心中渴望的體驗視覺化，而且一再重複，對於在你腦中創造一幅強烈的心像，確實很有效。

　　不幸的是，許多人卻以基本上相同的預演策略，來記憶不好的經驗。當然，那不是有意的，但是在心裡一再預演的效果卻是一樣的，不論你是故意想增強那段記憶，或只是碰巧這麼做。有些醫生認為，創傷後壓力症候群（請看第 17 章）的部分病因就在於這類心裡預演。

　　最好的辦法，說起來很簡單：在你心裡創造一幅你想成就的強烈心像，把它盡可能詳細的一再視覺化。如果什麼事情讓你不快樂，你希望把它趕出你的腦袋，就試著盡量不要去想它。對於你害怕的事，這點尤其真確。

　　但要把不好的經驗趕出腦袋，並不是太容易做到。有個方法是，設法讓自己分心。某些心理學家提出一個很有用的建議：在手腕上綁一條橡皮筋，每當那頑固的思緒進入你腦中，就趕緊彈一彈橡皮筋。又或者，你也可以去找一些事讓自己忙一點，不論是打一場球，或是聽音樂，或是去看比賽。另一個可能有用的方法是：告訴你的家人或朋友，你決定不要再在某個問題裡打轉，將來如果你又提起這個話題，請他們提醒你，要你打住。

　　多做一些有意義或有趣的事吧。如果不受歡迎的思緒還是揮之不去，這時候，或許就是你尋求專業治療的時候了（我們在第 17 章會討論）。

14

抗老化的良方
多動動，不會老

珊卓和聲宏一向不太留意老化的研究，以及如何讓我們的頭腦更能保持長遠的健康。現在，我們很慶幸寫了這本書，因為也到了我們應該改變一下生活方式的時候了，那些改變應該會讓我們的退休生活更快樂些。

先從壞消息開始吧。就算不考慮痴呆症這類老年疾病，你的腦袋還是會隨著你的變老，而表現得愈來愈差。腦部的老化，主要表現在兩方面。第一個是大家都知道的記憶力——你會比以前更不容易找到鑰匙；平均說來，記憶力大約是在 30 多歲開始變差，而且愈老愈差。腦袋中與記憶有關的最重要部位是海馬，而空間導航能力也需要依賴海馬，很多動物的空間導航能力也會隨著老化而變差，包括人在內。

另一個腦部老化問題，表現在神經科學家所謂的**執行功能**。這是一組能讓我們在各種情境下，選擇適當舉止的能力，讓我們壓制不適當的行為，讓我們專注手邊的任務，不要分心。執行功能方面的問題會出現得比較晚，大多數人是在 70 歲之後才顯現，包括一些基本功能的惡化，像是反應速度、處理速度、工作記憶等。所謂工作記憶，就是像「讓我們能在撥完一個電話號碼之前，暫時記住它」的能力。

執行功能的退化，再加上導航問題，足以解釋為何你爺爺駕駛技術好像不如從前了。就好像，他沒有辦法記住車鑰匙擺哪兒去了。

某些感覺訊息的輸入，也會隨著年齡減低，例如我們在第 7 章討論到的聽覺。同時，年老後，控制肌肉的能力也變差了，但是目前還不清楚這個問題是

出在腦部，還是出在同樣已經老化的軀體上。

在老化過程中，喪失了記憶力和執行功能，與某些腦部結構與功能的特定變化有關。海馬會隨著老化而變小，這種容積的減少與記憶力喪失有關。同樣的，對工作記憶及執行功能很重要的前額葉皮質，也會隨著老化而變小。

和你可能想像的不同，腦袋萎縮並不是因為神經元死亡造成的。在你變老之際，你並不會失去神經元。但是，個別的神經元會萎縮。在腦袋很多部位，樹突都會回縮，尤其是在海馬和前額葉皮質。就大部分觀察過的動物來說，在這些區域，神經元彼此之間的突觸連結數目，會隨著老化而減少。同時，老年動物的突觸可塑性特別不足──突觸可塑性是主導學習的機制（請參考第13章），在成年人的腦袋裡只出現在某些部位，例如海馬。

如何保護你的腦袋不變老？

保持老年人腦袋健康最有效的辦法是什麼？

你恐怕猜不中：是運動。

神經元要把工作做好，需要很多後援支持，而循環系統老化的毛病是：可能減少血液的供給，進而減少腦部的氧氣及葡萄糖供應量。養成平日運動的習慣，是你能做的最有效的舉動，可以保持你在老年時候的認知能力。

一個終生都有運動習慣的老年人，比起同年齡但不常運動的人，執行功能會強得多。會出現這種現象，也有可能是因為比較健康的人本來就比較喜歡活動。但情況並不只是如此。不愛動的人一旦開始從事較多運動之後，他們的執行功能也在短短幾個月內改善了。

要達到這種功效，每次運動的時間需要持續 0.5 小時以上，而且每星期需要進行好幾次，但是不需要非常激烈，例如快步走就足夠了。運動的好處似乎在女性身上特別強，雖說男性也一樣顯示出有相當大的益處。

運動到底是怎樣幫助腦袋的？有好幾種可能性，而且它們或許全都有一份功勞。在人類身上，健身訓練能減緩因為老化而產生的大腦皮質體積萎縮。在實驗動物身上，運動能增加腦部微血管的數量，這能讓神經元獲得更多的氧氣與葡萄糖。此外，運動還能造成生長因子的釋出——生長因子是一些能夠支持樹突與突觸生長的蛋白質，因此能增加突觸可塑性，也能增加海馬的新生

神經元。以上這些效應都可能改進認知表現，雖說現在還不知道哪一項最為關鍵。

除了正常的老化之外，運動與減低老年痴呆的風險，也有很強的關聯。中年時就保持運動習慣的人，與不運動的人相比，在進入 70 歲時，前者罹患阿茲海默症的風險只有後者的 1/3。就算是 60 幾歲才開始運動的人，也能將這方面的風險減少一半。

健身房見囉！

好消息是，腦袋也有某些功能不太會受到老化影響。例如，口語能力和理解力就能夠維持不變，甚至還可能隨著年歲增長而進步。字彙運用是另一個不容易受老化影響的地方。專業能力通常也比較有韌性，不容易鈍化，特別是你如果持續磨練的話。同樣的，平常有在鍛鍊身體技巧的人，也比較容易維持不墜。一般說來，你年輕時學得愈透澈的事物，愈可能逃過老化的魔掌。

通常，年紀大的人比起年輕人，多了一項重大優勢：處理情緒的能力變強了，人生因此變得更圓融。

負面情緒出現的頻率，會隨著年齡老去而減低，差不多在 60 歲左右變平緩，不再變動，而正面情緒卻能大致維持原樣。因此，當人們年紀變老之後，愈來愈不會去感受負面事物，或是老想著日常生活裡或從前的一些不如意，負面情緒比較快消散，生氣時也比較不會口出惡言，或是做出破壞性的舉動。

老化過程中，腦部還有一些更為普遍的變化。年紀大的人，在從事同樣任務時，比較會動用到不同於年輕人的腦部區域。與年輕人相比，年紀大的人整體腦部活力往往顯得比年輕人低，但比較會動用到兩個半腦區域，而非只用一邊。這些發現暗示：人變老時，使用腦袋的方式也變得不同。這一點，可能是

記性變差，不等於得了阿茲海默症

如果你忘了把眼鏡擱在哪了，這只是普通的老化現象。

如果你忘了你有戴眼鏡，那麼你大概是患了痴呆症。

占痴呆症病因 2/3 的阿茲海默症，並不是尋常老化的極端案例，而是腦袋特定區域退化的疾病，這類疾病會具有正常老化所沒有的症狀。罹患年老痴呆的人，沒有辦法記得自己生命中的重要事件，有時甚至連配偶或子女都認不出來。

阿茲海默症最大的罹病風險就是老化。年過 60 歲之後，這種病的發生率每 5 年就會增加一倍，在 90 歲的族群中，幾乎達到 50%。統計數字顯示，如果我們全都活到 100 歲的話，大約有 75% 的人會得到阿茲海默症。

隨著全球人口老化，痴呆症這個問題也變得比較嚴重了；它目前在全世界的發生率為 2,400 萬人，預計到了 2040 年，這個數字會增加到 8,100 萬人。

至於你會不會罹患痴呆症，遺傳因素具有相當的影響力，尤其是對它的發作年齡。差不多有十幾個基因給鑑定為高風險或保護性因子，其中有一個叫做 ApoE 的基因，影響力最強，比其他因子加總起來還強大。帶有 2 個 ApoE 高風險版基因的人，比帶有 ApoE 保護版基因的人，發作年齡平均約提早 15 年。

在正常老化過程能影響腦功能的許多生活型態因子，也與阿茲海默症有關。如同前面所說的，運動的保護力很強。其他能減低痴呆症風險的因子，包括教育、經常喝一點紅酒（但是啤酒或

烈酒無效），以及使用非處方藥性質的止痛劑，像是阿斯匹靈、
伊普。

　　總的說來，改善你的腦袋的運作能力，就比較容易增強它的
抵抗力，來應付生命晚期各式各樣的問題，包括痴呆症。

因為老年人會學習使用腦袋裡新的部位，以彌補其他地方的退化。

　　在某個特定年齡出現認知能力降低，其實並非不可避免。你的生活方式，
會影響你在生命晚期的能力。例如我們剛剛提過的，年長的人能保住他們在年
輕時學習得很透澈的技能及知識。由於這個原因，受較多教育的人老了之後，
認知方面的表現會勝過教育程度低的人。

　　另一個保持認知表現的方法是，培養一些挑戰智力的嗜好。這方面的效果
在藍領工作者身上，強過受過高等教育的白領工作者，原因可能在於，受較多
教育的人平常的工作多半已經涉及大量智能方面的刺激了。

　　想藉由訓練，來改善老年人的認知技巧，效果還不錯，但是會有局限。大
部分訓練課程都有某種程度的功效，但效果多半只集中在訓練項目上，並不能
讓腦功能都變好。不過，往好的一面看，在某些案例中，這些局部強化的效果
還是能保持好多年。

　　要想避開只能改善特定能力的這個問題，還有一個好辦法，就是多多練習
各種技能，不論是基於職場所需、培養嗜好，或是為退休後擔任志工做準備。
我們大力推薦的是：保持運動的習慣（請參考 實用訣竅：**如何保護你的腦袋
不變老？**），以便維持你的心肺功能，對腦袋產生正面效果，尤其是對執行功
能最有助益。

看來，希臘人的建議沒錯：健全的心智，寓於健全的身體。你如果能在生活中同時維持身、心兩方面的活動，你將最能保持頭腦的健康。如果你從事的是體力工作，那麼不妨培養一門智能上的嗜好，像是閱讀或是做數獨。如果你從事的是腦力工作，那麼不妨培養一種運動嗜好，像是打網球或慢跑。

一般而言，可以同時保有體能及智能嗜好的人，最能夠防止腦部因老化而喪失功能。

沒這回事：

出生之後，腦細胞數目就不會再增加

我們很多人都在學校裡學過：頭腦是很獨特的，和身體其他器官不同，它一輩子都不會增加新的細胞。科學家相信這種說法已經有幾十年了，但是新的研究發現，這不是真的！

動物及人類實驗都證實了，腦袋有一些部位在成年期還可以製造新的神經元，雖然這種能力會隨著老化而衰減。新神經元尤其會在負責處理嗅覺資訊的嗅球裡增生，也會在海馬裡增生。你若是終身學習不怠或是勤做運動，就會有更多這類新神經元存活下來，並且成為腦袋線路裡具有功能的一部分。

至於激發這個製程的環境條件到底是什麼，目前還不清楚。

15
你的腦容量會改變嗎？
千萬不用頭大

　　過去這一百年來，各式各樣的新科技，從運輸、醫藥、電子通訊到武器，大大改變了我們的生活與習慣。公共衛生、疫苗以及醫療設備，將人類平均壽命延長了幾十年。噴射客機與通訊，讓這個世界變得愈來愈小。電信與網路，讓任何人幾乎是隨時隨地都能取得史無前例的巨量資訊。大眾娛樂的不斷刺激，更成為日常生活很主要的一部分。這些進步，改變了我們經歷這個世界的方式。為了要追上時代，人類的腦容量和腦部結構是否也需要迎頭趕上？

　　腦部結構若要隨著時代而改變，方式可以有兩種。第一種，環境影響了頭腦的發育，導致快速改變，甚至在一個世代以內的時間（約 15 年到 20 年）就能完成。第二種是生物的演化，那至少需要一個世代以上，才可能造成改變。

　　新環境會帶來諸多生物學效應，可能主導了快速變遷。譬如說，生長在工業時代之前的英格蘭兒童，面對的挑戰是疾病、營養不良和辛苦的農務；但是在工業革命之後，那些挑戰讓其他問題給取代了，包括工廠的勞動條件、城市生活以及環境污染等。然後，隨著不同時代的展開，居住環境一再變動。現今生活在已開發國家的小孩，從小接觸完善的國民教育、吸收更好的營養，而且不乏大眾娛樂、電腦、手機以及其他新科技的洗禮，腦袋接受到的刺激真是大不相同了。

　　這些環境的變化可能是弗林效應的基礎，弗林效應講的是一種現象，最早由紐西蘭政治科學家弗林（James R. Flynn）所提出。弗林引用來自全世界 20 個國家的數據，檢視了不同時代的標準智力測驗成績。他發現，不管在哪一個國

孩子的身高智力上限，取決於父母的基因

智力是由什麼來決定的，先天的遺傳、還是後天的環境？

最簡單的答案是兩者都有，但是讓我們再談得仔細一點。基因如果沒有環境，是沒有影響力的，反之亦然。在孩童發育期間，基因和環境必須產生互動。比較有意思的問題應該是：它們如何互動？

對許多個性和特性來說，你的基因都只是幫你的發育設定一個上限而已。就拿身高來說吧，讓我們想像一下，假如有兩個小孩具有一模一樣的基因，譬如同卵雙胞胎，其中一個（姑且稱他為湯姆）在生長期間沒有攝取足夠的蛋白質，結果長大後，他會比另一個營養良好的小孩（麥克）來得矮。

但是，如果麥克已經攝取了足夠的養分，你再塞更多大魚大肉給他吃，也沒有辦法讓他長得更高，只會讓他長得更胖，因為他已經達到了身高遺傳的上限。

再看第三個小孩傑夫，假設父母傳給他的是有潛力長得更高的基因，卻沒有餵他吃得夠營養，結果他的身高可能會和麥克一樣。

從貧窮國家遷徙到富裕國家的移民，通常就會看到子女長得比父母輩高出許多。這是因為國家經濟的進步，會增加國民的平均身高。本書作者之一的王聲宏，就在自己家族裡看到這種效應。聲宏身高 185 公分，比家族裡父母親那一代高出 10 多公分，而那一代長輩都是生長在共產革命前的中國大陸。聲宏的弟

弟聲揚 198 公分，身量更加高大；那種身高在前幾代族人裡頭，是從沒見過的。聲宏與聲揚都是在美國土生土長的小孩，他們正是「因為生長在高度已開發國家，而身高獲得改善」的例子。

　　智能的發展也是大同小異，只除了環境對它的影響更為複雜，而且目前所知也更少。不論是哪一方面的生長發育，基本營養都是很重要的，但是腦部發育恐怕還會受到其他諸多因子的影響，像是社會經驗與智力方面的刺激。但是同樣的，一旦環境達到某個品質標準（即使現在還無法釐清這個標準是什麼），再多的營養或是刺激，也無法讓小孩的智能超過先天由遺傳設下的限制。

家，平均智商分數都是愈晚出生的一代，成績愈高：每 10 年增加大約 3 分。在某些國家，例如丹麥和以色列，智商分數甚至增加得更快，差不多是 30 年增加 20 分；而 30 年只不過比一個世代長一些而已。譬如，就語文智商及作業智商來說，1982 年丹麥一名普通水準的 12 歲小孩，平均智商分數就能勝過 1952 年他父母親那個世代的 14 歲小孩。

　　隨著時代而改變的智商分數暗示了：智力測驗不只在測量一些純粹天生的能力，也在追蹤個人成長環境所加諸的效應。比較理想的營養和健康條件，可以讓腦部生長得較好；而更具刺激性的環境，可能也會強化腦部發育和功能。事實上，由於我們是高度社會化的動物，我們也可能受惠於和其他同樣正在進步的個體進行社會互動，而強化了腦部的發育和功能，讓我們表現得更好。

　　由於營養好，加上環境的刺激更豐富，現代人的腦袋與一百年前人類的腦袋相比，很可能平均而言比較大，也比較聰明。

不過，有些證據顯示，這種效應已經開始趨緩變平了。在原本智商增加最多的丹麥，智商分數最近幾年已經停止增長。原因之一可能是：有些環境因素只有在資源不足的情況下，才會限制到腦部發育，（請參考「你知道嗎：孩子的身高智力上限，取決於父母的基因」）。換句話說，當貧窮或是資源短缺的人口數目減少時，平均智商就會攀升；一旦社會富裕到某個程度或資源供應無虞之後，平均智商就受限於先天因素了，再也攀升不了。

最近有一項針對西班牙兒童的研究，頗能支持這個想法，該研究檢視了 30 年來，族群的智商增加情況。智商分數最低的那群兒童，增加幅度最大，族群中智商最高的前半段，幾乎沒有再增加。

另外幾個在美國進行的研究，更進一步支持了這個想法。這些研究發現：在較貧窮的階層裡，教育成績與學校能提供的教學資源多寡有關聯，但是在生活水準較高的社群，教育成績與遺傳及家庭環境的關聯反而比較強。

然而，所有這些智力上的進步，並不表示我們的腦袋正在演化。相反的，由於弗林效應穩定出現的年代不過才幾十年，不可能是真正的演化。演化涉及遺傳給後代子孫的基因上的變動，需要至少一輪的生殖與天擇。而這會造成遺傳上的改變，於是天生具有優勢基因的人，表現會勝過環境相同、但不具優勢基因的人。

若有人問起腦袋是否還在演化，他們的意思通常是想問：遺傳機制是否能決定腦容量或腦部結構的變化？這就更難回答了，因為想看出任何屬於演化層次上的變動，恐怕得經過好幾個世代才行。

就一個人的生命長度，來觀察人類的天擇演化，非常困難；但是如果要觀察生命期較短的動物，就有可能了，因為一位演化學家終其一生，可以觀察到好幾個動物世代的生命變化。

譬如說，在加拉巴哥群島上，食物供應與氣候因季節而有很大的變遷，長著不同嘴喙的雀鳥能否生存，就要看當地能提供的食物類型與覓食地點而定。雀鳥從出生到成年升格當父母，只需要短短幾年。經過幾個世代之後，牠們的嘴喙型態就能改變，可以朝又長又窄的方向去變動，或者朝又短又粗的方向演

先天與後天，一樣重要

關於先天與後天之爭，有一件重要的事不可不知，那就是：天擇是作用在最後的實際結果上。

天擇並不在乎，某隻動物之所以有辦法覓食，是因為腦袋裡天生就刻有覓食程式，或是因為牠很擅長學習和改進覓食技術；只要該動物能填飽肚子，不論靠的是先天或後天，牠就比較能夠生存下去，而且很有可能繁衍後代。由於這個原因，天擇製造了腦袋，因為腦袋能讓它的主人在周遭環境裡存活下來。

不同人與不同的動物，都可能因為擅長社會互動而成功的存活，也可能因為善於學習、適應不同的環境而存活下來。所以，「先天或後天」其實是個錯誤的辯論題目；天擇所獎賞的基因，其實是那些特別能與自己的環境相處的基因。「先天與後天」才是比較正確的說法。

變，只看何者更適合覓食。這些變化，在短短十年內就可以觀察得到。

不過，對腦功能進行的天擇，比較可能是緩慢漸進的，需要好幾千年才能產生明顯的智能上的變化。我們實在很難觀察到。或許提升弗林效應（效果快速得多）是改善我們這種動物的好法子，至少那是馬上可以看到結果的法子。

然而，如果大腦容量或結構的變化真的給觀察到了，我們相信，那也只是接續了人類史上早已持續發生的過程而已。有證據顯示，某些與腦部發育相關的基因，是在很晚近的時期演化出來的。（所謂演化上的晚近時期，指的是過去這一萬年間。）

我們跟猿猴，差別不算太大

靈長類動物是社會性的，也是壞心眼的。猴子如此，猿類如此，人也是如此。我們過著團體生活，互相競爭食物與配偶，而且不斷的搞小圈圈，分分又合合。

這些社會關係背後的推理，可能會變得像在繞圈子一樣，起頭是「我喜歡你，你也喜歡我」，結果卻是「當我們在她面前時，你假裝喜歡我」，甚至變成「你和她可能會趁我不注意時，偷拿我的香蕉」。

我們不管號稱有多文明，骨子裡完完全全是叢林的生活方式！

有人曾經提出，像這樣不斷的社會競爭，正是驅動靈長類腦袋演化的主因。就一個物種的歷史來看，持續許多世代的社會性操弄，確實有可能讓更具有心智火力的個體，受到天擇的青睞。這將會導致一場腦袋的軍備競賽——腦容量增加的動物，將會對種族內其他成員製造壓力，迫使牠們必須跟進。

事實上，我們人類提撥給大腦皮質的容量比率，是所有動物當中最高的，約占全腦容量的 76%。黑猩猩居次，是 72%，大猩猩則是 68%。海豚的絕對腦容量雖然比較大，但是皮質所占比率卻遠遠落後，只有約 60%。人類相較於動物多出來的皮質容量，使得我們擅長許多事情，像是語言及製造工具。

此外，腦容量的增加可能也有助於開創新的生態區位，繁榮出新物種。譬如說，幾百萬年前，黑猩猩與大猩猩沒能離開非洲

的某個區域，但是人類的祖先卻有辦法找到出路，穿越地理上的瓶頸，從非洲跑到地球的其他地方，而且從此適應了更多各式各樣的環境。

科學家在全球不同人種身上，研究過 2 個與腦部發育有關的基因 *Microcephalin* 與 *ASPM*。這 2 個基因如果受損或是不見了，會導致腦容量或腦部結構的嚴重缺失。帶有缺陷 *Microcephalin* 或 *ASPM* 基因的人，一般生理特徵都很正常，只除了腦袋非常小；結果，這些人會有嚴重的智障。這項缺失暗示：這 2 個基因所編碼的蛋白質，一定是腦部正常發育不可缺少的。而這又引出了另一項猜測：在正常人當中，這些蛋白質的功能是否也有一點點差異，導致每個人的腦容量並不一樣？

有一組 DNA 科學家，研究了全球一千多人之後，發現某些版本的 *Microcephalin* 與 *ASPM* 基因，遺傳下來的頻率超過預期。這項結果暗示了，天擇正在作用！根據基因組裡其他基因的變化率來推測，這些版本的基因最早在人類族群裡出現，大約是在 3 萬 7 千年前到 6 千年前之間。這個時間點範圍很大，沒有辦法推算得更精確，因為科學家並沒有實際測過那麼久遠之前的 DNA。既然人類一個世代的時間大約為 15 到 20 年，那麼這些變化所呈現的，就是幾百個世代到幾千個世代的天擇結果。

另外，科學家也不清楚的是，這些具優勢的基因版本對於人類到底有哪些作用。到目前為止，科學家仍然沒有找到基因版本與腦容量在正常人當中的對應關係，這就表示：腦容量的大小不止是由這 2 個基因決定的，可能是由好多個基因和其他因素來決定的。也許這 2 個基因僅僅是提供了某種優勢，像是腦部發育不良的機會較低之類的。和弗林效應一樣，一旦這 2 個基因有了缺失，就像是某種形式的環境剝奪（好比不夠富裕、資源不足）。

不論是以上哪種情況，驅使腦容量增加的遺傳機制，目前還無法定論。不管這些基因到底做了什麼，它們倒是都能在「腦容量和腦部結構的演化，需要數千年以上的時間累積」這個大故事裡軋上一角。

所以啦，你的腦容量不可能在你有生之年出現演化的，你沒什麼好擔心的，不用一個頭兩個大！

04

感性的腦

16

腦袋裡的晴時多雲偶陣雨
感情用事不是壞事

　　大部分人都以為，感情只會妨礙我們做出理性的抉擇。其實這種想法並不正確。感情（和情緒不同）是我們對世間大小事所產生的反應，能夠讓我們的腦袋專注在重要的資訊上，比如注意到可能會傷害我們身體的潛在威脅。感情會讓我們想要修改自己的行為，好獲得渴望的結果，或避開害怕的事情。

　　在真實生活裡，大部分的判斷都沒有辦法做到完全合乎邏輯，因為我們能掌握的資訊通常都是片段或模糊的。例如，你很難事先知道自己在一份新工作上的表現會如何，你對新工作的滿意度會有多高——如果你都能知道，那恭喜你，要決定是否應該換工作就容易多了。

　　然而在大部分情況下，你只能靠著直覺走下去。這樣也沒什麼不妥，只要你腦袋裡感情系統的主要部位，**額葉眼眶面皮質**能夠正常運作就可以了。

　　額葉眼眶面皮質這個區域受損的人，在這個世界可就不好混了。有一個著名的案例，病人 EVR 是一家小公司的財務人員，婚姻美滿，育有兩名子女，但在 35 歲那年，經診斷前腦長了一顆腫瘤。他動了切除腫瘤的手術，很不幸的，手術也把他額葉眼眶面皮質的一大部分給切掉了。

　　在那之後，EVR 還是能對經濟問題、國際事務或新聞事件侃侃而談，並且也能分析那些複雜的財經或倫理問題。他的記憶力和智商都沒有變差，但是他已經不是從前的 EVR 了。他變得沒法下決定，即使是芝麻大的小事。譬如說，每天早晨他都要思考良久，不知道該穿哪件襯衫，最後只好隨便抓一件。職務上比較重大的決定，也同樣讓他困惑。不久之後，他就丟了飯碗，離了

婚，然後又因為不智的投資而破了產，最後只好搬回老家和父母同住。他後來再婚，娶了一名妓女，六個月後以離婚收場。

你知道嗎：

感情讓記憶更鮮活

你一定記得最近一次渡假的愉快情景，清晰的程度恐怕要超過最近一次去郵局的經驗。心理學家老早就知道，引發強烈感情的事件，能製造出鮮活的記憶。感情上的激動狀態，似乎能提供很特別的優勢，讓人把某次經驗的重要細節長期儲存起來。

杏仁體受損的人，就不會對某次感情經驗的主要細節產生增強記憶。這告訴我們，杏仁體對於感情影響記憶是很重要的。杏仁體似乎只有在情緒極度緊繃的情況下，才會與記憶牽扯上關係，尤其是恐懼的情緒。

我們在第 13 章提過，突然增加的壓力是以兩種方式來強化記憶和學習的：一種是透過釋放腎上腺素，一種是透過釋放糖皮質素。這兩種激素都會作用在杏仁體和海馬的受體上，以增強突觸可塑性。

不過在某些情境下，壓力也會損害記憶力。例如糖皮質素會作用在前額葉皮質上，因而干擾到工作記憶（如果你忘了工作記憶是什麼，請回頭翻閱第 10 章）。還有，長期壓力也能損壞海馬，導致永久性的記憶損失，而且是各種類型的記憶都損失了，不只喪失感情記憶而已。

像這樣悽慘的結果，在額葉眼眶面皮質受損的病人當中，還滿常見的。不過，真正因為腦部受損所造成的結果，還要看病人在發作前的生活史、以及個性和基因而定。

這些病人依然有能力做規劃或是執行程序複雜的行為，但似乎就是沒有辦法考慮自己的行動可能造成的後果。他們在準備冒大險之前，不會表現出理應有的焦慮，而且若做出不合宜的社交舉止，也不會像我們大多數人那樣不好意思。事實上，他們似乎根本就是完全「白目」。雖說他們可以體察到別人的感情，但可能是因為很難監測到自己的行為，所以很難決定自己該如何與人互動。

如果這種腦損傷發生在成年之後，病人還是能正確說出與人互動時應該遵守的規則，只不過他們沒辦法把守則套在自己的行為上。至於頭腦這個部位在兒童期就受損的病人，根本沒辦法描述出這些守則，更別提遵守了。

現在我們已經解釋了為何你的「感情腦袋」很重要，讓我們再來看看相關的其他部位。第一個是杏仁體，它最出名的地方是在恐懼反應上扮演的角色（請看第 13 章），但是杏仁體也能針對正面的感情刺激，迅速產生反應。整體說來，杏仁體在「專注於感情上極端突出的事件」這方面似乎很重要。

杏仁體的神經元會對視覺、聲音、觸摸，或是這三者加起來的刺激產生反應。杏仁體的許多神經元都有特別偏好的東西，尤其是可以引發報償作用的東西，像是食物或是臉龐，這類事物可以帶來愉悅感，使我們想要重複體驗。這些偏好會由動物本身的動機所修正，因此飢渴時會對果汁起反應的神經元，在動物喝飽果汁後，也會跟著停止反應。

移除杏仁體，會減低動物與人的某些恐懼反應，尤其是生理方面的焦慮徵兆。譬如說，賭牌時，杏仁體受損的人不會對可能輸牌的風險有反應，他們不會產生心跳加快或手心冒汗的現象。你也許會想，這麼一來，他們在賭城不知可以過得多風光，但是你猜錯了。結果證明，在某些情況下，人們要做出正確的決定，感情反應是很必要的。

同樣的，杏仁體受損的動物，在面對應該會引發焦慮的情況時，反應也比較鈍，牠們顯示出比較低的警覺性，比較不會僵住或是逃跑。

　　厭惡這種感覺在演化上是非常古老的，打從動物需要覓食，決定某種食物是否可以食用，就開始發展這種感覺了。

　　產生厭惡感覺的腦袋關鍵區域為**基底核**（位於前腦深處）與**腦島**（位於顳葉與頂葉之間的側溝裡）。若是對人的腦島施加電流刺激，會讓人產生反胃與不良的味覺。對於大鼠來說，基底核與腦島這兩個區域中的任何一個部位受損，都讓牠們很難學會避開曾經讓牠們生病的食物；對於人類而言，這兩個區域扮演了更多的角色，還包括辨識出其他人有類似的感覺。因此這兩個區域受損的人，很難看出別人臉上的厭惡表情。

　　驚人的是，同樣的這些腦部區域，似乎可以讓我們不只對餿掉的食物皺鼻子，也能讓我們對破壞道德正義的事皺眉頭。譬如說，當人們想到讓自己有罪

腦袋如何分辨笑話是否好笑？

幽默是很難定義的，但是碰到時，我們會認得出來。有一個理論提議說：幽默要有驚訝的成分 —— 發現事情不像我們最初以為的，再來就是重新詮釋原本的想法，以便吻合新情境。要說一個笑話，而不弄成像一道謎題，需要的是一則連貫的故事，但並非合理得無懈可擊。

有些大腦前額葉受損的病人，特別是傷到右半腦的人，完全聽不懂笑話。很典型的，這是因為他們沒有辦法處理「重新詮釋」這個階段。譬如，你提供好幾個笑話的笑點，讓他們選擇，他們卻無法看出哪一個會很好笑。

然而，若是刺激癲癇病人的前額葉皮質或是顳葉皮質比較低的部位，竟能讓他們發出大笑，或是覺得有趣。事實上，大笑可能是一種原始信號，是在動物發現某個原本以為很危險的狀況、其實很安全時所使用的信號。

功能造影研究顯示，當人們聽懂一則笑話時，額葉眼眶面皮質與內側前額葉皮質會變得活躍。既然幽默涵蓋了感情與認知的成分在內，會牽涉到這兩個前額葉區域，是滿合理的。

幽默還能讓人覺得舒服，顯然是因為它能活化腦部的報償區域——也就是對其他樂事（例如食物與性行為）產生反應的區域，我們將在第 18 章討論到。

前扣帶皮質及腦島這兩個區域，在遇到不確定或是不協調的情境時也會活化，所以它們可能也參與了聽笑話時的重新詮釋過程。當某人覺得一則笑話愈好笑時，這些區域的活化程度就愈

強，而且報償區域也是。

　　幽默的報償，不只是讓你自己覺得心情愉快而已。如果你很擅長逗別人笑，還可以改善各種社會互動關係，幫你覓得佳偶，或是把你的想法跟別人做有效的溝通。此外，幽默也能減低壓力對心臟、免疫系統以及激素的負面影響。所以，如果你很有幽默感，如果你很容易察覺別人感覺不到的趣味，記住了，你有可能是最後的贏家哦！

惡感的事情時，腦島就會活化起來——心理學家把罪惡感描述為：對自己感到厭惡的感情。

　　腦島更主要的工作，似乎在於感受身體的狀態，並且引發能督促你去照顧身體所需的感情。當然，你不能對身體自認的需求太過百依百順，而且腦島也與渴望尼古丁及其他藥物有關。腦島會把資訊送到做決策的部位，像是前扣帶皮質（位於額葉）與前額葉皮質。

　　此外，腦島也是重要的社會行為調節區域，幫助我們推測出生理狀態所代表的感情狀態，例如臉紅意味著困窘。腦部有幾個系統能夠對「自己的行動或狀態」與「其他人的行動或狀態」產生感同身受的相似反應，腦島正是其中之一（請參考第 24 章）。

　　我們和其他動物大致具有相同的感情，以及產生這些感情的腦部系統。然而，人類的感情畢竟特別的複雜，部分原因是我們的額葉皮質有這麼大。雖說老鼠也能感到害怕，但是我們很難想像一隻老鼠會覺得羞恥。感情控制了我們的諸多社會行為，所以，對感情很重要的腦部區域，同樣也對處理社會訊號很重要，這件事應該不會讓人意外。

所謂的社會感情，像是罪惡感、羞恥心、嫉妒、困窘、驕傲等，發展的時間都晚於另一些比較基本的感情，像是快樂、恐懼、悲傷、厭惡和生氣。社會感情引領我們的複雜社會行為，包括渴望幫助他人，以及想要懲罰欺騙者，即使需要付出代價也在所不惜。腦部造影實驗顯示，腦部感情區域活動較強烈的人，比較願意為了利他、或是強制執行某種社會規範而付出代價。

幽默，可以像青蛙一樣給解剖開來，
但是靈魂會在過程中死去，
內部會讓所有人都吃不消──
只除了一心追求科學的人例外。

懷特／E. B. White，美國詩人及幽默作家

面對某個情境時的想法，通常會影響我們的感情反應。譬如說，你約會的對象沒有準時出現在餐廳，你可能會很生氣，覺得他不夠體貼，你也可能會害怕他出了車禍。但是當你事後得知，他之所以遲到，是因為中途停下來幫助某個心臟病發作的人，你可能又會覺得高興且驕傲。

這些情境顯示出，腦袋能夠根據我們的意圖或是我們對事件的感知，來修正我們所經驗到的感情。

最簡單的一種感情調節方式是分心，也就是把你的注意力轉到別的事情上，這通常是暫時的。當分心發揮作用時，功能造影研究顯示出，腦部感情區域的活動開始降低。分心能夠減少會造成生理疼痛的負面情緒，部分原因在於：這會減低腦部某些疼痛反應區域的活動，例如腦島，同時又能增加感認情知控制區域的活動量，這部分主要是在前額葉和前扣帶皮質。

類似分心的效用，也能用意識來控制。譬如說，有些瑜伽大師聲稱，他們在冥想時不會感覺到疼痛。其中有一位大師的腦部裝上掃描器，然後他開始冥想，這時，一束通常會造成極大疼痛的雷射光射向他，卻沒有引起任何感覺，而且在他腦島中引起的反應也極有限。

另一種調節感情比較持久的方法，稱為重新評估。也就是藉由重新思考某個事件的意義，來改變你對它的感受。譬如說，當你那蹣跚學步的小女孩被熱烤箱燙傷手指時，起初你可能很生氣，氣她不聽話，同時你自己也會產生罪惡感，因為你沒有保護到她。但是，再思考得深入些，你可能會發現，她的傷其實並不嚴重，很快就會痊癒；而且你女兒也會從中學到一次寶貴的教訓，知道聽你的話是很重要的。後面這兩個想法，可能會讓你對已經發生的事，覺得比較不那麼難過。

重新評估的腦部活動，似乎也發生前額葉皮質與前扣帶皮質。在造影研究中，試圖對感情刺激進行重新評估的人，這些部位會出現活動。重新評估如果成功，結果會顯示在與其他情緒相關的腦部區域的變化上。例如，當某人重新評估一項刺激，發現並沒有那麼可怕時，這人的杏仁體活動量就會減低。這些腦部變化，與安慰劑引發的腦部活動模式相像得驚人，這又是另一個好例子，顯示人們能夠依照個人信念，以不同方式來經歷同一種情境。

擅長重新評估的人，多半情緒比較穩定、有彈性得多了。許多人看心理醫生所獲得的好處，恐怕多是因為改善了重新評估的能力，能改用比較建設性的方式去看事情。

人類是額葉皮質很大的哺乳動物，一般說來，我們在訓練自己的感情反應上，是很占優勢的。和大部分的心智能力不同，重新評估的能力會隨著年齡增長而精進，或許是因為前額葉皮質變得成熟的結果，又或許只是因為練習多了，熟能生巧。這或許可以解釋，為什麼成熟的大人比較容易快樂，而且經歷到的負面情緒也比年輕人少。

所以，下次有人對你說：「別這麼感情用事嘛！」你會不為所動，因為你已經很清楚：不論是快樂或不快樂的感情，都能提供理性的引導，讓你做出正確的行為，並且幫助你在資訊不足以做出合理決策的情況下，預測自己的行動可能造成的後果。

繼續感情用事吧！只要你的感情調節系統運作良好，通常都能做出正確的抉擇。

17
別再擔心過了頭
控制焦慮非難事

我們並不想讓你焦慮，但是，太過放鬆是會要人命的。在這個危機四伏的世界裡，焦慮能提供我們很大的生存優勢。

當然，太過焦慮可能也不是好事，譬如說，如果你剛好是一隻獾，卻因為太過害怕，而不敢離開窩巢去覓食或求偶，那就膽小得過頭了。另外，我們也有可能杞人憂天，擔心不該擔心的事，例如有些人得了恐懼症，連參加一場晚宴，都變成讓他們心跳加速的恐怖經驗。

不過整體說來，焦慮還是有很多好處的，而且不只是讓我們練習在面對危險時應有謹慎的態度。焦慮還能驅動一些正向的行為，譬如說，在截止期限前完成工作，儲存足夠的糧食來過冬。

雖然每個人都經歷過焦慮的時刻，但是人類及其他動物在引發焦慮的容易程度、焦慮的強烈程度和持續的時間方面，卻顯示出因個體而異的情況。某些個體差異是由基因引起的，好比說，如果你有一名罹患恐懼症的親戚，那麼你發生這種疾病的機率大約會增加為 5 倍。

基因不只會控制焦慮的基準值，也能決定我們面對生活各種壓力的敏感度，像是兒童受虐、父母過世、或是離婚。

譬如說，某人身上的特定基因如果是具有防護能力的版本，他即使面對一波又一波的艱困處境，還是不容易發生焦慮症或是憂鬱症。這個基因上的編碼是用來產生「血清張力素轉運子」的，這種蛋白質能將完成任務的神經傳遞物質血清張力素，從突觸中移除。

相反的，如果那個基因是脆弱版本的人，對壓力就敏感得多，但是他們也可以平安過活，只要這輩子沒有碰到太糟的事。至於有些人兩種版本的基因都各有一份（還記得國中生物學嗎？每一類基因都是成對的），表現則介於上述兩者之間。他們有辦法處理一件災難，但是如果災難接二連三而來，就會逼得他們產生憂鬱症或焦慮症。

焦慮症在美國是最常見的精神疾病，影響了大約 4 千萬名美國人。差不多有 90% 的焦慮症患者，一生中曾發作過憂鬱症，而且這方面的許多療法對這兩種疾病都有效。像是常常拿來治療憂鬱症的藥物百憂解，對於焦慮症也很有效。這樣的重疊現象暗示了：引發憂鬱症和焦慮症的腦袋機制可能很類似，雖然目前對於不正常焦慮的起源，科學家了解的程度比較深入。

正如我們之前說過的，杏仁體受損，會影響到人類與其他動物的恐懼反應，以及對恐懼的學習過程（請參考第 13 章和第 16 章）。刺激杏仁體會激起動物的恐懼。

撞車那一瞬間，時間好像變慢了

常常聽人家說，遇到突發的危險事件時，例如撞車，時間似乎會變慢下來。事後他們說，自己當時能夠評估整個情況，想出替代方案，然後在那一瞬間及時逃開。這種能力顯然可以帶來極大的生存優勢。

在壓力下，時間似乎確實會變慢；或是說得更精確些，人們處理資訊的能力會加快。這兩種情況都會發生嗎？

為了要測試在恐懼下的資訊執行速度，研究人員採用了很刺激、但是不會造成危害的活動，而且到遊樂場就可以進行了。這裡所指的活動，是去體驗「自由落體」，讓戴著頭盔的受試者，以自由落體的方式墜落 31 公尺，掉到下方的安全網裡。

為了要測試墜落過程中的知覺速率，研究人員在受試者手腕上配戴了一個小型的影像顯示器。螢幕上會出現字母或數字的影像，譬如全白背景中出現黑色的 1 字，然後迅速轉換成它的相反影像，也就是全黑背景中出現白色的 1 字。研究人員把影像變換的速度加快——如果在正常情況下，受試者只能從螢幕上看到一片灰色。然後他們讓受試者墜落，事前叮嚀他們，眼睛要一直盯著螢幕。結果，往下墜的受試者在辨識螢幕數字方面，並沒有比好端端站在地面上的受試者更正確。

在受試者還沒有親身經歷自由落體之前，讓他們先觀看別人的墜落過程，之後再請他們估計墜落所花的時間。然後就在自己墜落之後不久，讓他們同樣估計墜落所花的時間。結果是，他們估計自己的墜落時間，會比別人的長了大約 36%。

綜合的結論是：即使受試者以為他們墜落的時間持續得比實際來得久，知覺速率其實沒有變快。

這些結果顯示，雖然你可能會認為某個事件花了比較長的時間，你還是不能像電影「駭客任務」的主角尼歐，以「子彈行進的時間」來觀看這個世界。或許有一種可能性是，在危急狀態時，某些神經傳遞物質，例如腎上腺素，能在不加速處理感官資訊的情況下，讓某段時間的記憶更豐富。

剩下來的問題是，要如何估算在非常刺激的時刻，心智的運轉是否會加速呢？或許下一回，研究人員可以試試高空彈跳，加數獨！

你的杏仁體會在何時活躍，根本不需要腦部掃描來告訴你，當你心跳加速、手心冒汗，就是杏仁體活躍的時刻。在比較極端的例子裡，甚至連你的血壓都會升高，你可能會覺得好像沒法呼吸似的。

會出現這些症狀，是因為杏仁體與下視丘有直接的連繫，而下視丘負責控制身體的壓力反應。杏仁體的活動可導致交感神經系統（負責「戰或逃」反應）活化，釋出糖皮質素。這類症狀如果發生得很突然而且極強烈，就稱為恐慌發作，屬於焦慮症的一種，症狀如排山倒海來襲，往往令當事人以為自己就快要死了。

反應過度的杏仁體，可能是某些焦慮症的成因。而其他一些焦慮症病人的杏仁體似乎反應正常，但是他們的問題卻與前額葉皮質有關——這個部位負責把不合宜的焦慮關閉掉。

杏仁體直接從感官接收外界資訊，所以它的反應方式本來就給設計成但求快速、不求正確。通常，經過一個更細心的腦袋部位做了進一步的分析後，就

女性比較容易罹患創傷後壓力症候群

有些性侵受害者、從戰場退伍的軍人，以及其他經歷過極端痛苦事件的人，都會出現創傷後壓力症候群，簡稱 PTSD。這些患者通常都處在警戒狀態，使得他們很容易受到驚嚇，睡眠也不安穩。他們常常在噩夢中或是白天胡思亂想的時候，重複這些創傷事件，而且可能出現感情疏離的情形，對任何活動都失去興致。約有 30% 的患者，PTSD 症狀會持續終生。

PTSD 並不是現代的產物，它的症狀早在古時候就已描述歷歷，最著名的例子莫過於史詩《伊利亞德》中，阿契里斯因戰爭所產生的轉變。事實上，幾乎所有經研究過的戰爭中，都有 PTSD 的影子。

大部分人一生中，都會經歷一次強度足以引發 PTSD 的創痛事件，但只有某些人會在創傷後真正發作 PTSD。最能引發這種病的是他人刻意加諸的創傷，像是性侵或綁架。差不多有一半的性侵受害者都會發展出 PTSD，但是天然災難的受害者，罹患這種病症的風險就低得多了，大約是 4%。

對焦慮症有效的療法，對於 PTSD 也有幫助，但是進展慢得多。PTSD 的持續發作，會對患者的工作與人際關係造成很負面的影響，在焦慮本身消退後，那些影響仍然殘留不去。

和其他焦慮症一樣，PTSD 出現在女性身上的機率是男性的 2倍。在美國，女性一生中約有 10% 的機會出現這種病症，男性則只有 5%。

這項差異有兩種可能的解釋。第一個是，女性會經歷比較

多、或比較強烈的創傷事件，例如性侵及家暴通常發生在女性身上，雖說男性顯然經歷了更多與戰爭有關的創傷。另一個解釋為，女性對於恐懼的學習以及壓力，都比較敏感，而這些會令她們更容易罹患焦慮症。這個想法的證據目前還很薄弱，而且也沒有一致的結論，但是在創傷事件後發展出 PTSD 的女性（有20%），確實多過男性（8%）。當然，以上這兩種解釋也許都可以歸因於兩性的迴異。

此外，罹患 PTSD 的人與正常人相比，海馬有減小的跡象。起初科學家以為會出現這種結果，是因為 PTSD 造成壓力，而大家都知道壓力能損害海馬。不過，科學家研究同卵雙胞胎之後發現：如果留在家鄉沒有參戰的那一位的海馬較小，通常會是很好的指標，可以預測另一位上戰場的雙胞胎手足是否會因戰爭而發作 PTSD。這項發現暗示了，某些人比較容易罹患 PTSD，也許是因為他們的腦袋對於壓力反應過度了。

會明白沒有什麼好害怕的。就像是你以為自己看到一條蛇，後來才發現只不過是在微風中晃動的樹枝。於是，前額葉皮質便抑制杏仁體，關掉焦慮反應。

但是如果這個抑制過程出了差錯，當事人就會一直覺得焦慮，即使危險已經過去了很久。某些治療焦慮症的最有效方法，就是從增加這種抑制途徑的效率著手。

輕度焦慮並不需要尋求專業治療，如果你想嘗試自助的方法，可以先從思考如何減低生活裡的壓力開始。有兩條路可以做到這一點：減少接觸有壓力的情況，以及學習面對壓力的技巧。至於哪一條路比較有效，要看是什麼東西引起你的壓力而定。

有一個好辦法能讓你更舒坦的面對壓力，那就是養成運動的習慣，最好每天至少運動 30 分鐘。運動可以改善心情，而且就像我們在第 14 章裡學到的，運動還有助於維護腦部功能，減少老年時罹患痴呆症的機率，所以多運動真的是有百利而無一害。

另外，冥想可能也會減輕壓力，有些人發現做瑜伽特別有用，因為它不只是一種運動，也能讓你的心靈平靜下來。另外，你也不妨減少咖啡因的攝取量，而且睡眠要充足。盡量抗拒誘惑，不要依賴服用鎮定劑或喝酒來消除焦慮，長期來看，這些東西只會讓情況惡化。許多焦慮症患者會濫用這些藥物或酒精，成了「物質濫用症」患者。

以上這些小技巧如果都不能減輕你的焦慮，或是你的焦慮已經成為生活中的大問題，那麼你可能需要尋求專業的治療了。

行為治療與認知治療，是臨床上已經證明對焦慮症有效的兩種精神療法，這兩種療法經常合起來運用。行為治療的重點，擺在教導病人去控制讓他們焦慮的情境，兩種療法都需要病人的積極參與。

行為治療的根據是消弱學習，我們在第 13 章提過消弱，你或許還記得。讓病人或動物重複接觸一項令他（牠）們害怕的物件或情境，但卻沒有產生負面的結果，就會造成消弱現象，這樣的過程可以教導病人或動物不用害怕那項刺激。行為治療是要幫助患者停止逃避那些引發焦慮的情境，讓他們知道，這些情境其實並沒有那麼危險（請參考 🔖 實用訣竅：**以毒攻毒，治療恐懼症**）。

另一種是認知治療，重點擺在幫助人們了解自己的思考模式如何造成心裡的不安，並設法用更有效益的思考方式來面對問題。譬如說，把真實的想法與不真實的想法給區別開來。

在你選定治療師之前，應該先弄清楚對方施行的是哪種類型的療法，以及那種療法是否能有效解決你的問題。

有些醫生目前正在測試其他的焦慮症療法，不過這些新療法還沒有成熟到能夠廣為推行。但是我們可以先在這裡透露一下。

以毒攻毒，治療恐懼症

所謂恐懼症，是指強烈害怕某件並沒有那麼危險的事物。任何人都可能對任何事物發展出非理性的恐懼，從害怕蜘蛛、懼高症、到畏懼人際互動。

恐懼症通常始於兒童期或青春期，暗示了它們可能是透過學習而來的，但是大部分病人都不記得有什麼特殊事件引發出他們的恐懼。而發作恐懼症的傾向，似乎也可以部分歸咎於遺傳因子。

好消息是，恐懼症是最容易治療的精神疾病之一。經過短期的行為治療，焦點擺在減輕病人對恐懼來源的敏感度，效果通常很好。有時候在進行這種療法時，也可以同時服用藥物，暫時減輕恐懼，讓病人更容易面對恐懼來源；或是伴隨認知行為治療，來鼓勵病人重新思考自己在面對恐懼源時的態度。

治療師會慢慢讓病人逐步接觸恐懼來源，並不時詢問病人，以確定病人的焦慮感還在可容忍的範圍。譬如說，對於懼高症的患者，他第一張要看的照片也許是從二樓往下照的，然後是三樓往下看的……。病人可能會想像自己正站在陽台上，最後甚至是站在更高的地方。一旦焦慮逐步消除後，病人將會給帶到能引發焦慮的實際情境中，但整個過程是在受到控制之下，讓病人體會這些情境其實並不危險。

如果是由訓練有素的治療師來執行，這種方法控制恐懼症的成功紀錄是相當輝煌的。

　　由於目前訓練有素的治療師還不夠多，不足以應付行為治療的需求量，研究人員開始設計電腦系統，希望能讓病人自行調控接觸焦慮情境的程度。

　　另一種方法是，讓病人暴露在電腦模擬的情境下。醫生可以利用「虛擬實境治療」來醫治恐懼症、恐慌發作以及創傷後壓力症候群。初步證據暗示，這種方法的效果可能不遜於讓病人實際去接觸引發恐懼的刺激。

　　其中有一個新療法的成果，特別令人興奮。醫生要求病人在接受虛擬實境行為治療之前，先服用右旋環絲胺酸，這種藥物能活化對於學習非常重要的NMDA 接受器。於是，這種藥物藉由改進學習能力，增加了行為治療過程中病人對於恐懼消弱的學習。在這項研究裡的病患，經過短短兩個療程，就顯示出焦慮減輕的效果，而且這種改善效果可以持續好幾個月。

　　研究小組目前正以同樣方法，針對罹患創傷後壓力症候群的伊拉克戰爭退役美軍官兵進行試驗。這些軍人有 18% 到 30% 的機率，會罹患創傷後壓力症候群。

　　如果這些療法的效果符合預期，有可能大大減少為焦慮所苦的人數。

　　當然，我們不能期待用科技把焦慮一掃而空。如果真是那樣，我們大概什麼事都沒法做了。焦慮確實有它存在的最適當程度——不要低到讓你整天躺在沙發上，但也不要高到讓你縮在床底；而且很不幸的，最有利於我們生存的焦慮程度，不見得是讓我們覺得最舒服的程度。

　　如果焦慮已經強到干擾你的生活，我們建議你馬上採取行動。千萬別讓焦慮宰制了你的生活。

18

要幸福喲！
追求快樂有方法

美國最快樂的人當中，許多都是已婚、錢賺得比鄰居多、常常上教堂的共和黨員，生前大力鼓吹迷幻藥的心理學家李瑞（Timothy Leary）要是知道了，一定會悶悶不樂。然而，他如果知道快樂的人通常性生活頻繁、而且經常參與社交活動，李瑞可能又會開心一些。

人有多快樂，通常是與其他人相比較來決定的。就美國而言，過去這半個世紀來，雖然平均收入穩定成長，但是自認快樂的人數比例卻還是老樣子，這有可能是因為，比較的標準也隨著平均收入一起提高了。

因此，只要你賺到的錢，能滿足基本生活所需，那麼對你來說，快樂與否的重要決定因素，不在於絕對財富，而是在於相對財富。意思是，對我們大多數人來說，「住在家庭平均年收入 120 萬元的地區，但我們每年能賺到 150 萬元」與「住在家庭平均年收入 210 萬元的地區，但我們只能賺進 180 萬元」相比，第一種情況更能令我們覺得快樂。我們在第二種情況比第一種情況多了 30 萬元的收入，即使拿來購買各式各樣的物品，都無法補償我們因為「沒有比鄰居拿到更高待遇」所失去的快樂。人比人，真會氣死人哪！

就像某位研究人員說的：「快樂之鑰在於低期望。」當你購買貴重物品的時候，千萬不要忘記，最後你不會把這樣新買的物品拿來和店鋪裡其他物品相比，而是拿來與你已經擁有的、或是你朋友擁有的物品相比。

事實上，人們在面對許多選擇機會時，對於自己最後的決定，滿意程度往往比不上只有少數幾個選擇機會。這一點暗示了，太多的比較，可能會讓我們

世界各地的快樂程度

　　在美國，每個人之間的快樂差異並未強烈受到各項人口統計因素的影響，像是收入，但是當我們比較不同國家時，情況卻不一樣。其中的原因可能在於，美國已具有相當的財富與穩定性，因此經濟或政治環境並沒有顯著影響到美國人之間的快樂差異。

　　但在另一方面，世界上最不快樂的人，出現在非洲以及蘇聯解體後的國家，原因可能在於普遍的貧窮與健康問題，加上政治動亂。「經濟學人信息部」（EIU）的研究報告表示，國與國之間的平均快樂程度差異，有 82% 可以從 9 項客觀特性中預測出來。這些特性按照重要程度，依序為健康（出生時預期壽命）、財富（人均國內生產毛額）、政治穩定度、離婚率、社區生活、氣候（愈溫暖愈好）、失業率、政治開放程度、以及兩性平等（男性與女性的收入愈是均等，人們愈快樂）。

　　文化因素似乎也能影響快樂程度。譬如說，報告中提到，丹麥人的快樂程度始終高過芬蘭人，雖說這兩個國家的人口統計變數大部分都非常相近。有一個丹麥的研究小組提供了一個滿幽默的說法，來解釋這項差異：在同一份調查中，丹麥人對於來年的期待，低於芬蘭人。

對於自己沒有選到的東西感到惋惜，反而降低了快樂的感覺。

　　即使是生命中的重大事件，對於快樂的持續影響力，恐怕也不如你想像的那麼久。譬如，盲人並沒有比明眼人更不快樂。已婚者雖然平均比未婚者快樂（請參考 你知道嗎：**心理學家如何計量快樂？**），但是「有小孩」在整體上

卻對於快樂程度沒有影響。

對於大好或大壞的事件，人們在短暫的強烈反應過後，快樂程度似乎傾向於回復到原先個人的恆定點上，而這些恆定點，平均來說通常是稍微正向的狀態。以上這個過程叫做適應，也可以解釋為什麼有些人會不停去購買自己不需要的物品：如果擁有新東西能令你快樂，那麼你就必須不斷購買更多的新東西，才能重溫那種快樂的感覺，因為效果始終不持久。

如果把適應這個想法發揮到極致，似乎可以說，所有個人或社會為了增加快樂所做的努力，最後都將是徒勞無功的；此外，生活環境對於人們的快樂程度，也不具有長遠的影響力。但是我們幾乎可以確定，這樣的說法是不正確的。

快樂是可以努力求得的，而且效果可以持續一陣子，雖然需要經常重複練習，才會得到最大的效果（請參考 🔖 實用訣竅：**怎樣增加你的快樂度？**）。

心理醫生長期追蹤同一群人之後發現，大部分人的快樂程度都滿穩定的。德國有一項研究持續了 17 年，發現最後只有 24% 的受測者，快樂程度與實驗剛開始時有顯著的變化，而且只有 9% 的人變化很大。

在美國，所有個人境遇，像是婚姻、健康、收入等等加總起來，只能解釋 20% 的個人快樂差異程度，而遺傳因素能解釋差不多 50% 的差異。同卵雙胞胎如果讓人分開來撫養，成年後彼此的快樂程度，比起讓人分開撫養的異卵雙胞胎，更為接近許多，而且幾乎和從小一起長大的同卵雙胞胎的快樂接近程度相近。（我們若把 50% 減掉 20%，剩下來的神祕的 30%，應該是包含了測量上的誤差，例如對於自己在調查中所回答的「大部分滿意」，其實每個人的解讀並不相同。）

比較會讓人不快樂、造成持續負面影響的生命大事，包括喪偶、失婚、失能以及失業。然而即使碰到這些情況，人們依舊能夠適應。在事件剛剛發生後，他們的快樂程度受影響最大，然後會慢慢回到基準線，但還是沒有辦法完全適應。例如，即使配偶已經過世了 8 年，活著的另一半依然不如配偶還在世時那麼快樂。

心理學家如何計量快樂？

如果你覺得研究快樂聽起來有點煽情，很難把它當一回事，你可不是少數。這類型的研究，的確有一些實際上的限制，但還是比你想像的更可靠。

最常用來蒐集數據的方法很簡單：研究人員會打電話詢問受訪者有多快樂：「最近你對整體生活的滿意度有多高？非常滿意、還算滿意、不太滿意，或是完全不滿意？」然後，他們又會詢問一堆其他的問題，像是受訪者的收入、婚姻狀態、嗜好等等。他們通常會詢問幾千名受訪者，從有意義的樣本蒐集到相關資訊後，就會試著找出哪些類型的答案比較可能來自快樂的人。

這種方法稱為**相關研究**，而它有一個大缺點。如果你發現兩件事一再同時出現，那麼這兩者之間很可能具有某些關係——但你還是不能確定這層關係是什麼，也就是說，你不能確定它們之間的因果關係：到底何者是因，何者是果，又或者還有第三個未知因素導致這兩件事情？

譬如，知道已婚者平均比單身者快樂，並不能告訴我們，你的兒子如果結了婚是否會比較快樂，不管你個人的信念如何。因為可能是「結婚讓人比較快樂」，也可能是「因為快樂，所以比較容易結成婚」。事實上，心理學家持續測量同樣一群人的快樂程度很多年之後，發現以上這兩種說法都成立。比較快樂的人，確實比較容易結婚；然後，這又使得他們更為快樂。

另有一點應該要記住的是，正如大多數心理學的研究，你得到的答案有很大一部分取決於你如何提問。譬如說，當婦女受到

要求，依序列舉出整體來說特別享受的活動時，第一名是「與孩子相處」。但是，當另一群研究者要求婦女為她們前一天所從事的各項活動，逐一評定感受時，結果是：與子女互動的報償，差不多只相當於做家事或是回覆電子郵件而已。問法不同，研究結論很可能就不同。

一般說來，腦袋對於變動的資訊會更有反應，強過對於持續的情境。例如會移動的物體、配偶臉上不曾見過的表情、或某個意料之外的食物來源，都更容易引起腦袋的注意。腦袋喜歡把它那有限的資源投注在新的資訊上，幫助你更能對外界做出反應。

腦袋的許多部位中，都有專門對於「有報償」的事件做出反應的神經元。報償是指令你感覺滿足的刺激，並且讓人更願意重複去做導致報償的行為；報償包括食物、飲水、性行為、正面的社會互動等。以人類來說，我們知道報償與主觀的愉悅感有關，而人也和其他動物一樣，很願意為了報償（還有金錢，這是人類特有的報償）而工作。然而，可以記錄人體個別神經元反應的機會實在太少了，所以這類型的研究多半還是針對齧齒動物或猴子。

科學家能夠把專門針對報償起反應的神經元，與針對別種刺激（例如味覺）起反應的神經元區分開來。他們發現，報償反應神經元存在腦袋的額葉眼眶面皮質、紋狀體和杏仁體中，會針對特定的報償刺激起反應。譬如，某個神經元可能針對某種食物起反應，但不會對另一種食物起反應，又或者專門針對小報償起反應，而不針對大報償起反應。

報償反應神經元還有一種特性是，當動物不再渴望報償時，報償反應神經元會停止反應。就像一隻老鼠吃飽後，便不再對食物有興趣，雖然食物的滋味應該沒變。

 實用訣竅：

怎樣增加你的快樂度？

快樂是一個移動中的標靶。由於適應現象的關係，頻繁的小型正面事件，比起偶爾發生的大型正面事件，具有更大的累進衝擊效應。

所以呢，消除日常生活中的惱人瑣事，很可能會大大改進你的快樂程度。你知道嗎，往後一輩子，你只要每天傍晚花個 15 分鐘與意氣相投的朋友相約喝杯酒、放鬆一下心情，將比你中了樂透頭彩，更能提高你的快樂度。聽起來太容易了嗎？但這是千真萬確的。

是什麼原因，讓人在日常生活裡覺得快樂？有一項研究是，請參加的女性在每天就寢之前，回想對這一天各項活動的感受，結果她們把「發生性行為」列為最具報償的活動，遙遙領先第二名的「與友人相聚」。事實上，「更多性行為」確實與「更快樂」相關。而且性行為和金錢不同，性所帶來的快樂並不會因為滿足了一次，就開始減低。

對絕大多數人來說，前一天晚上的睡眠品質如何，與次日愉悅程度的相關性，強過家庭收入。設定實際的目標，然後達成，也與是大多數人快樂的來源。另外，你或許正在煩惱如何讓例行的生活多一些變化，但其實你不需要太擔心，因為喜歡保持習慣的人，往往比為了變化而變化的人來得快樂。

關於快樂的研究，目前仍然在起步階段，但是已經有幾位研究者證明了，行為上的操練能夠增進快樂。你如果經常進行這些

操練，效果會最強。以下是幾個目前很有效的練習：

| **專注於正面的事件** | 連續 1 個月，每天晚上寫下 3 件當天發生的好事，並逐一解釋發生的原因。這項練習能在 1 星期內就出現效果，增加快樂度，並減少輕度憂鬱的症狀，而且效果可以持續 6 個月。對於一直這樣做下去的人，效果特別好。

| **練習運用性格上的長處** | 你可以上塞利格曼（Martin Seligman）主持的網站 http://www.authentichappiness.org，填寫「凸顯優點調查」（VIA Signature Strengths Questionnaire），找出你性格上的優點。塞利格曼是賓州大學知名的正向心理學家。你需要先註冊才能進入網站，但是裡面的測驗是免費的。

一旦知道自己最大的 5 項優點後，請每天固定以新方式來實踐其中一項，連續 1 星期。這項練習與前一項練習都來自塞利格曼的研究，他曾經在《真實的快樂》（*Authentic Happiness*）這本書中描述過。

| **記得感恩** | 每天寫下 5 件令你感恩的事。在一項研究中，連續幾星期進行這項練習的人，比起進行無關感恩的練習的人，正面的感覺會變多，負面的感覺會變少。然而，我們還不曉得這項練習的效果是否能持久，因為這項研究才追蹤了 1 個月。

值得注意的是：雖然在腦袋某個區域裡，個別神經元有不同的偏好；但是當動物接受到各種不同的報償時，像是食物、性行為、金錢等，都是同樣一組腦袋區域在活化。

有些報償反應神經元會釋出神經傳遞物質多巴胺，這些神經元位於中腦的黑質區與腹側被蓋區，而且會把自己的軸突伸向腦袋裡含有報償反應神經元的其他區域，也就是額葉眼眶面皮質、紋狀體和杏仁體。

多巴胺神經元似乎只和報償的預測有關。譬如說，實驗人員教大鼠學會只要壓某根槓桿，就可以得到食物當獎品，但是唯有在燈亮了之後，才可以得到食物。在訓練初期，大鼠的多巴胺神經元是在食物出現時，才會活化。後來，等到實驗動物熟練後，只要燈光一亮，多巴胺神經元馬上活化，這是大鼠預測

即將有東西可吃的時刻。但是當食物沒有如預期般現身時，多巴胺神經元就會受到抑制。如果大鼠一再失望，次數多了之後，多巴胺神經元會完全停止對燈光起反應，而實驗動物也不再壓槓桿了。

這些多巴胺神經元，似乎是在各式各樣的情況下告訴動物，環境中有哪些特性能預告牠們將於何時得到報償。

多巴胺或是報償反應神經元與快樂有什麼關係呢？目前，我們要定義人類的快樂都已經夠難了，更別說如何定義大鼠的快樂。但是從現有的證據看起來，多巴胺似乎能幫助大鼠與人，選擇能導致正向結果的行為。

「報償是多巴胺功能之一」的證據，來自帕金森氏症，這是一種運動障礙病症，與分泌多巴胺的神經元持續死亡有關。帕金森氏症患者除了運動方面的問題之外，也很難透過嘗試錯誤來進行學習。但是當這些患者藉由藥物提高體內的多巴胺含量時，他們就能學會更多可以帶來報償的反應；若是患者沒有服用藥物，體內多巴胺含量很低時，他們對於伴隨著負面結果而來的反應，學習起來就比較快。這些結果告訴我們：多巴胺與「學習去選擇能帶來正面結果的行為」有關，而這聽起來正是快樂的一種關鍵要素。

19

性格是怎麼一回事？
不只你有個性，烏賊也有！

　　被工作夥伴嫌惡，總是件不舒服的事，尤其是對方背著你惡作劇。不過，雪莉卻覺得情況也沒有那麼糟，因為對方只有 15 公分高，而且全身沒有一塊骨頭。事實上，對方除了嘴之外，全身沒有一個部位是硬的。

　　有一年暑假，雪莉到麻州鱈魚角的海洋生物實驗室工作，研究烏賊。烏賊屬於頭足綱，是一種長著大腦袋、大眼睛，而且有好多隻腳的海洋動物；牠們的近親包括章魚及魷魚。那年夏天，雪莉常常待在一個小房間裡，準備進行動物行為學的試驗，她身旁擺著一個水族箱，裡頭有一條烏賊。

　　有天，雪莉突然覺得背上濕濕的，有東西把水濺到她身上。她轉身，什麼都沒有，只看到一條烏賊在水箱裡。她想，大概是水族箱的幫浦偶爾濺了些水出來。最後她發現，是幫浦幹的沒錯，但不是機械幫浦。她接連被濺了好幾次，才終於明白，水柱來自那條烏賊。

　　所有的烏賊都有一根體管，能把水噴射到牠想要的方向。這一條烏賊則把自己的體管對準了雪莉，而且只在雪莉轉身後，才會對著她的背噴水。但是，我們還是很難把雪莉看成受害者，儘管她受到愛作怪的實驗對象不斷的騷擾。

　　顯然每一隻動物都具有獨特的性格，而且這份性格至少部分是遺傳來的。愛狗人士聽了一定會津津樂道，舉出一大堆不同品種的狗的怪癖，像是博美狗神經兮兮、哈巴狗和藹可親等等。找一個星期天，隨便上哪個公園的蹓狗場瞧一瞧，所有這類行為都會展示在你面前。除了同一物種的個體有不同的性格，性格也可以隨著動物的種類而不同，狗的性格就不會出現在貓的身上。

我們對於動物性格的興趣，主要源自與貓狗這些動物相處的經驗。但是動物行為學家卻檢視了非常多種動物的性格與氣質，從乳用山羊和馬，到孔雀魚和蜘蛛。他們發現，性格似乎是生物的必要特性，對於所有物種的生存策略都很重要。這類研究揭示了，性格在什麼情況下是有益的，以及性格如何由遺傳、發育和經驗塑造出來。這些研究甚至讓我們一窺腦中的機制如何使動物與人產生性格。

　　許多傳統的心理學家，都喜歡避開動物差異性的研究。例如，動物行為研究的開山祖師史金納（B. F. Skinner）就堅持，行為實驗的條件必須做到讓動物的反應盡可能可靠。因此他設計了著名的史金納盒，以便去除所有可能導致環境差異的其他刺激。史金納想法中的完美實驗是，生物的個體與個體之間完全不具有任何變異；因此理論上來說，如果你對一隻動物做出很好的實驗，那麼再用第二隻動物重做一次，只不過是求個謹慎罷了。

有一個滿合理的原因，可以解釋為何關於性格的討論會被打折扣，不只是對動物，對人也是如此。因為我們常常會幫自己的行動，配上一些個人的動機與偏好，而且我們也喜歡把類似的動機與偏好套用在其他人身上。但這樣做其實很不準確。就像我們在第1章討論過的，你的腦袋常常對你撒謊，沒有對你坦承交代你做很多事情的真正理由。

而我們也常常會不經意的，在心裡用代理人的角度來看事情，甚至對沒有生命的東西也一樣。譬如說，常常可以聽到有人形容一輛汽車「性格捉摸不定」，或是一棟房子「很誘人」之類的。不過，還是沒有人會真的把它們當成有性格的東西。

動物行為學家不斷的與這類問題奮戰。他們的解決之道是：研究可以直接觀察的行為。譬如說，這隻動物是否發動攻擊？是否退縮？牠是否縮在角落裡？就某個層面來說，史金納就是只專注於觀察可以量化的行為。但是，動物行為學家對於可以分門別類的個體特徵差異，也很有興趣，同時也很想了解其中的成因。

一項很驚人的發現是：不只每一種動物具有個別的性格，而且每隻動物的性格分類方式，還可以套用人類的性格分類方式。在西雅圖水族館進行的一項首開先例的實驗中，研究人員能夠將一群章魚分成三大類：活躍型、冷靜型、以及退縮型。用這種判斷方法，可以準確描述這些章魚對於各種情境的反應，這些情境包括一名人類觀察者將臉埋進水族箱裡，在章魚附近揮舞試管刷，或是把一隻美味的螃蟹倒入水族箱中。經過一段時間，在控制的環境下，研究人員可以相當準確的預測出每一隻章魚會進行攻擊、或撤退、或是保持冷靜的傾向。

章魚和其他動物的個體之間的氣質差異，引發了一個問題：如果個體的天生行為傾向（也就是氣質）各不相同，對於演化來說，到底有什麼意義？

一項可能的解釋是，不同性格可以適應大環境中的不同生態區位。譬如說，「大膽」可能會讓一隻動物衝到最前線去覓食，但是如果附近剛好有許多凶猛的獵食者，這隻動物可能會被吃掉。在這樣的情況下，躲在窩裡的動物，

可以事後再溜出去討一點剩下的食物，設法挨到明天。同樣的，外向的人可能有比較多的約會，但是最後因意外躺進醫院的機會也比較大。

最後，再來看一個非常極端的例子──北美捕魚蛛的母蜘蛛。有些捕魚蛛是極具攻擊性的獵人，而且總是先用腳抓住碰見的美食再說。但是這種母蜘蛛在交配時卻會遇到麻煩，她們就是沒有辦法不把腳伸到追求者的身上，於是那可憐的傢伙還沒來得及與她交配，就先被吃了。真慘！

變異性可能是一項好策略，有助於讓物種在不斷變動的世界裡生存。世界變動的速度，往往比物種整體的變動快得多，因為透過基因變化所產生的適應，需要好幾個世代才能達成。

好在，有性生殖解救我們脫離了這個困境。一個物種裡的每個個體都能從父母雙方獲得 DNA，然後重組成一個新而獨特的基因組合。如此所產生的個體變異，可能有助於確保總有某些個體能活到下一個世代。

和人類一樣，個別章魚的行為並非一成不變的。出生 3 週到 6 週的章魚就各有不同的氣質（如同前述的三大類），但仍很具可塑性。在這段期間，原本很愛攻擊的章魚，可能會變得害羞起來，而原本容易興奮的章魚，可能變得很冷靜。以人類來說，性格變化最大的時期是在 30 歲以前，在那之後，我們通常就會有固定的模式，然後持續下去。

想要區分遺傳及環境對於性格的影響，可以從動物族群著手。例如，以好幾窩的乳用山羊做為研究對象，研究人員將每一窩山羊的兄弟姊妹分成兩組，一組由人類來撫養，一組由羊媽媽自己帶。結果發現，人類撫養的那一組裡最膽小的那隻山羊，與羊媽媽組裡最膽小的那隻山羊，竟然是親手足！也就是說每一組當中，同胞手足的相對膽小程度都是一樣的；至於這兩組整體的傾向，則是人類撫養組普遍比羊媽媽撫養組膽大一些。這項發現顯示，氣質特徵一開始是天生的傾向，但是也可以受到後天環境的影響，像是撫養方式等等。

性格與腦部的許多研究，都聚焦在多巴胺和血清張力素上，這兩種神經傳遞物質是由中腦細胞所分泌的，而中腦是調節神經系統活動的重要部位。這些神經傳遞物質從遍布腦袋的神經末梢釋放出來，最後會給多巴胺及血清張力素

家畜和寵物，腦袋瓜愈來愈小

我們已知的馴養動物這種行為，最早可以追溯到人與狗的屍骸一起出現在同個埋葬地點的年代，也就是超過 1 萬年前。人類最早飼養家畜的方式，是漸進選擇比較順從的動物子代，譬如餵東西給比較不怕火堆的野狼吃，還是把擄獲到的動物拿來做選拔育種？目前還不知道。

已過世的蘇聯遺傳學家貝爾耶夫（Dmitry Belyaev），在 20 世紀所做的一項實驗暗示，透過有目的之育種，可以非常快速的改變動物行為。在他的實驗裡，只選擇溫馴的銀狐來交配，而牠們生出來的小狐仔，也只有最友善的才可以入選為下一階段的繁殖對象。如此經過 30 個世代，結果培養出一窩會爭相吸引人注意的超友善小狐仔。

有好幾項生理特徵常常伴隨著馴養過程，在動物身上出現。就像達爾文在許久以前就注意到了，馴養的動物多半有著下垂的耳朵、一身卷毛、以及比野生表親短的尾巴。許多種動物目前都具有這類特徵，這暗示了：人類是同時根據一大群相關特徵，來進行馴養的選拔育種。

馴養造成的一個顯著結果是，動物的腦容量都萎縮了不少。在馴化的豬與雞身上，前腦結構在整個腦袋裡所占的空間，大約比牠們的野生表親少了 1/10。有一項機制或許可以解釋這些變化：這是一種想要成年動物保持少年性狀的傾向。換句話說，馴養育種就是要選出「發育遲緩」的動物。

的運輸蛋白清理掉，這些運輸蛋白負責把神經傳遞物質重新吸收回細胞裡，以便再次使用，或是加以分解。

　　處置這些傳遞物質的方式，可能會影響人類與其他動物的性格。譬如，人類雙胞胎的研究顯示，與焦慮相關的性格特徵差異，約有一半來自遺傳，其中某些差異，可能是因為血清張力素的作用不同而導致的。讓小鼠經過基因改造，使牠缺乏某一型的血清張力素接受器，這樣的小鼠在遇到衝突狀況時，展露出來的焦慮程度，比牠們的正常表親低了許多。在人類的情況，遺傳證據暗示，與焦慮相關的性格特徵，可能與缺少某種特定蛋白質有關，這種蛋白質負責把血清張力素再吸收回細胞內。血清張力素重吸收蛋白的影響，可以用來解釋比 1/10 稍少一點的遺傳性焦慮。

　　就人類和小鼠來說，血清張力素的重吸收與心情之間的關係，都是可以人為操控的。像是百解憂可以治療憂鬱症，因為它能抑制這種血清張力素重吸收蛋白。

　　還有一種性格特徵：追求新鮮經驗的傾向，也吸引了很多人來研究。不令人意外的是，這項特徵與避免受傷害的傾向，剛好成反比。「追求新鮮」與「避免受傷害」都各與特定類型的多巴胺接受器有關，而且不只人類如此，純種馬也一樣。

　　像多巴胺與血清張力素活性這類遺傳性狀，在預測性格方面，能做到的程度還很低。不過這些發現還是很有趣，因為它們指向一個可能性：將來有一天，我們可能會了解，性格特徵是如何由基因及環境來決定的。就算性格與心情像是一個有幾十個旋鈕的黑箱，我們還是有可能靠著像是百解憂這類藥物的效果，來辨識並扭轉其中的一個旋鈕。

　　另一方面，這些遺傳性狀與性格的相關性是這麼的弱，也引發了一個問題：為什麼性格明顯具有遺傳性，但是個別的性格基因卻又這麼難找？目前從各種性格遺傳研究當中累積出來的整體畫面是，天生的性格特徵是多基因支配的，意思是說，性格是由許多基因的交叉作用構成的，可能多達數百個基因。然而，科學家的實驗觀察，幾乎一次只能鎖定某個特定基因來研究，就好像你

每一次都只聽得到管弦樂團裡，某一個人用了什麼樂器在演奏什麼音符，卻很難聽到其他數十位團員同時間又在演奏什麼、團員之間又如何很有默契的互動。

從演化觀點來看，性格的多基因遺傳方式可能是件好事。有性生殖能將父方與母方的遺傳成分，以無法預測的方式打散再重組。這麼一來，就像把骰子擲了又擲，產生出範圍極廣的性格組合，而且是一代又一代的持續下去。在變動難料的環境中，這樣的變異性將有助於確保物種的生存。

在動物及人類身上無所不在的氣質差異，令我們不禁去想，我們現在認定的正常，如果換到不同的時空及文化背景下，恐怕情況就不一樣了。例如某個在巴布亞新幾內亞給視為無可救藥的偏執狂，換到瑞士，可能只是一個心思單純的鐘錶收藏家。

即使是最極端的性格，都可能在某個存亡危急之秋，幫助我們人類延續下去。譬如，成吉思汗大軍裡頭最驍勇善戰的武士，換到今天，可能會被當成殘暴的精神變態病患，給關進精神病院裡。所以，下一次當你看到某人給診斷出注意力缺失症，也就是過動兒，你不妨換個角度想想，這人如果跟我們的老祖宗一樣過著採食狩獵的生活，不知會多麼優秀呢。

20
性、愛與配對結合
愛情讓人上癮

　　我們在談到非人類的動物求偶行為時，總是把它稱為「配對結合」，而不稱之為愛情。

　　但是，你如果看到一對交配過的草原田鼠在一起的情形，牠們的行為看起來可非常像是愛情。草原田鼠是一種小巧、棕色的穴居鼠類，一輩子都和同一個配偶廝守在一起，這很不尋常，因為只有 3% 到 5% 的哺乳類動物是真正的一夫一妻制。草原田鼠爸爸與媽媽都很關心子女，而且牠們喪偶之後，另一半通常都不願另覓配偶。

　　相反的，草地田鼠就比較獨來獨往，而且有雜交的繁殖習性。比較這兩種血緣相近的田鼠的腦袋，讓科學家得知許多有關配對結合的神經基礎。

　　在實驗室裡測量結合程度時，科學家讓一隻田鼠自由穿梭於有三個隔間的容器中，三個隔間以管子相連。受測的田鼠給放進空著的隔間中，隔間裡有兩個通道，一個通往牠的配偶所在的隔間，另一個通往陌生田鼠的隔間。受測田鼠待在配偶隔間裡的時間愈長，表示牠們之間的結合愈緊密。一點都不令人意外的是，形成配對結合的過程中，最強的刺激為「與伴侶發生性行為」，但是某些田鼠的連結關係就只是共同生活在一起。

　　田鼠配對結合的形成與表現，受到兩種神經傳遞物質：催產素與精胺酸增壓素的控制。這兩種神經傳遞物質對於齧齒動物的社交辨識非常重要。

　　很多哺乳動物的雌性在陰道或子宮頸受到刺激，包括生產與交配時，都會釋出催產素。同樣的，對很多種動物來說，催產素對於母親與嬰兒的連結關係

也很重要。而且，催產素對於母田鼠配對結合的重要性，似乎超過對公田鼠的重要性。

但在另一方面，精胺酸增壓素對於雄性的各種行為就比較重要了，包括攻擊性、氣味標記以及求偶，而且精胺酸增壓素似乎是公田鼠最主要的配對結合激素。

然而，不論是催產素或是精胺酸增壓素，只需要一點點的量，就足以引發公田鼠或母田鼠的配對結合行為。在田鼠與伴侶短短相處一會兒後，把其中一

種神經傳遞物質注入牠的腦袋，即使牠沒有和伴侶交配，一樣可以引發配對結合。

在某些關鍵的腦部區域，一夫一妻制的草原田鼠所具有的這兩種神經傳遞物質的接受器，多過有雜交習性的草地田鼠。

腦中有兩個區域似乎對於配偶選擇很重要，都位於腦袋的核心：一個是依核，那兒有密集的催產素接受器；另一個是腹側蒼白球，則遍布了精胺酸增壓素接受器。局部阻斷任何一組接受器，譬如阻斷前額葉皮質的催產素接受器，或是阻斷雄性動物的側隔上的精胺酸增壓素接受器，都能阻止配對結合的形成。

這些區域目前都給視為大腦報償系統的一部分（請參考第 18 章）。在這個回路裡的神經傳遞物質多巴胺的釋放，對於天然報償（例如食物或性）以及藥物成癮，非常重要。

事實上，愛情可能正是最原始的一種上癮。為什麼腦袋裡會有神經通路，讓人們發展出對白粉的渴望？自然界裡根本就沒有白粉這玩意啊！原因或許在於與藥物成癮相關的腦袋區域，也是負責對天然報償（包括愛情）產生反應的神經回路。

如果成癮的能力有助於讓動物與配偶結合，或許正是這些天然通路有益於那些物種族生存的原因。這也是為什麼，即使藥物成癮可能對人類造成傷害，卻仍然存在的原因。

配對結合似乎是藉由制約學習而形成的，科學家至少就在齧齒動物身上發現，配偶的氣味與性的報償是關聯在一起的。原則上，這個過程與你訓練小狗坐下很類似，我們會讓小狗把「坐下」與「有東西吃」聯想在一起。

吃與性行為，都能使腦中的依核釋放出更多的多巴胺。阻斷某種多巴胺接受器，能抑制動物發展出交配引發的配偶選擇行為；反之，如果讓多巴胺接受器活化，那麼動物也能在不交配的情況下，引發出配偶選擇行為。

公草原田鼠與一隻母鼠發展出配對結合關係 2 星期後，會有另一種多巴

女性才是調情行為的主導者

男性與女性都傾向於認為，男性是兩性之間建立一段關係的起頭者。但是研究人類求偶行為的心理學家，卻推翻了這種刻板印象。在單身酒吧裡進行的觀察研究顯示，男性很少在女性沒有表達出准許他推進的信號之前，就主動靠近她，這種信號並非是語言上的。

在這項研究裡，對於誘惑行為的定義是：能夠讓男性在 15 秒內往女性方向挪近的所有肢體動作，包括眼波流盼、打扮儀容、微笑、大笑、點頭、請求幫忙、以及肢體碰觸，這些動作大部分都不令人意外。比較缺乏魅力的女性，如果大量行使誘惑行為，比起較富魅力、但很少行使誘惑行為的女性，更容易招引男性靠近。

事實上，研究人員只要觀察酒吧裡一名女性約 10 分鐘，記錄她做出某些動作的頻率有多高，像是目光環視室內、對著某位男士微笑、或是用手撫平頭髮等等，他們就有辦法預測，在接下來的 20 分鐘內，會不會有男士前來邀她跳舞，而且準確度高達 90%。

胺接受器的密度變高了，這種接受器能讓配對結合比較不易形成，這可能是為了讓牠不要再與另一隻母鼠形成新的配對結合，以免干擾到先前的配對結合關係。

神經系統能解釋配對結合的形成，當然是有令人信服的證據。科學家只要藉由實驗，誘發腹側蒼白球的精胺酸增壓素接受器的表現，就能成功的將原本花心的草地田鼠，轉變成只忠於一個配偶。如此驚人的實驗結果顯示，像配對

結合這樣複雜的行為，也可能由單一腦部區域的單一基因所開啟或關閉。不過還需要腦袋其他部位的其他基因協助，才能讓該項行為完整呈現。

母親與子女的連結所牽涉到的天然神經回路，部分可能也與配對結合相同。就像我們之前提過，催產素對於母親與嬰兒的連結很重要。從來沒有生產過的母鼠，一旦服用了催產素，就會想要接近幼鼠，去照顧牠們；牠們不像正常情況下，沒有生育經驗的母鼠會去攻擊幼鼠。相反的，如果在母鼠生產的時候，阻斷催產素接受器，則會妨礙鼠媽媽與親生幼鼠產生連結。如果母鼠的兩個與報償有關的腦部區域，腹側被蓋區或依核遭到破壞，也會損及牠們照顧幼鼠的能力。

好啦，不要再談草原田鼠了，不管牠們有多可愛、家庭多麼溫暖。你現在恐怕已經在好奇了，人類是否也是這樣墜入情網的呢？我們目前還不能確定，

你知道嗎：

竟然有科學家研究性高潮時的腦部造影！

以下的實驗，在美國是永遠不會獲准進行的。一組荷蘭科學家利用正子放射斷層掃描攝影技術，研究了人類性高潮時刻的腦部活動情形。

當然，男女兩性的腦部報償系統在性高潮時都會活化。除此之外，女性在額葉皮質的某個區域，還顯示出活動減低的情形，這一點也許與減低抑制有關。男性腦部活動減低的區域則在杏仁體，暗示他們在性高潮時警覺性會放鬆。兩性的小腦都顯示出活動增加，科學家最近認為，小腦可能涉及感情上的激動，以及感官上的驚訝。

男生是經由學習，才變成同志的

研究暗示許多同性戀者是天生的。真是這樣的嗎？

男同志在這方面的證據，遠超過女同志。影響男性胚胎發育的因子，有些可能是遺傳來的，從人類雙胞胎的研究顯示，同性戀顯然是受到遺傳的影響；但是也有其他一些因子可能來自母親懷孕期間的環境。這些科學研究並沒有證明，出生後的環境影響不重要；不過，研究結果的確暗示了，人類確實有可能在不經學習的情況下，發展出同性戀的傾向。

性別發育障礙的孩童，提供了學術界一個機會，來測試這個想法。因為這些孩子通常在接觸出生前，激素的情況已經不正常了。

例如，有一種症候群叫做先天性腎上腺增生症，這種遺傳缺陷會讓帶著 XX 染色體的女嬰製造出雄性類固醇激素，使她們的腦袋趨於男性化，有時候連外陰部都會變得男性化。即使在出生後，這項激素缺陷給矯正過來，她們成年之後，還是比一般女性更容易產生以女性為對象的性幻想，或是與女性發生性行為。另外，如果母親懷孕時服用了己烯雌酚（這種藥一度被當成安胎藥，但它是一種促進男性化的藥劑），所產下的女嬰，日後比較可能喜歡女生，雖然她們的生殖器官一切正常。

現在來反觀一個極端的情況：雄性激素不敏感症候群。這是一種遺傳缺陷，罹患這種疾病的男性，雄性激素睪固酮接受器會出現問題，使得身體及腦部都對雄性激素沒有反應。因此這些帶有 XY 染色體、在遺傳學上屬於男性的人，出生卻會帶有女性的生殖器官，而且通常會給當成女生來撫養。根據報告，這些人成

年之後，幾乎全都喜歡男生。

這些例子暗示了，要做到「喜歡女生」，需要在出生前的階段先讓腦部經過激素的男性化洗禮。如果同性戀是因為早期激素的關係，那麼我們可以推測，男同志的腦部在某些兩性有差異的部位，看起來應該會更像女性才對。

在人類腦部，最重大的兩性差異出現在一個英文名稱唸起來會讓舌頭打結的區域：下視丘的第三間核，男性這個區域通常是女性的 2 倍大。有兩項研究曾經報告說，男同志這個部位的體積和女性一樣大。就我們目前所了解的，還沒有人研究過女同志在這方面的情況。

接下來，我們來看看在醫學上一切都正常的男性。你絕不會想到，預測他們是否會是同性戀的最強指標，竟然是：有沒有哥哥！

這個效應，最少已經由十幾項研究證實過了，每多一個哥哥，後面的小弟變成同志的機率，就要增加約 33%。換句話說，如果男同志占總男性人數的 2.5%（這個數值大致正確），而有一個哥哥的男孩，長大後變成同志的機率將是 3.3%，如果他有兩個哥哥，那麼機率就會變成 4.2%。根據這項統計數字，大約 15% 的男同志，可以把自己的性取向歸因於他們的哥哥。但是在另一方面，女同志似乎就沒有這種與排行相關的效應。

為什麼有哥哥會影響到性取向？目前還沒有人知道。這並不是因為母親是高齡產婦的緣故，而且也與「小弟成長階段，哥哥是否在家」無關。這項效應有可能發生在出生以前；有哥哥的男同性戀者，出生時的體重，比起具有一樣多的哥哥的男異性戀者，要來得輕。

目前研究人員做出的最合理推測是，懷男胎的母親的免疫系統可能會製造抗體，來對抗肚子裡男寶寶所產生的某種因子，而且這種抗體可能會留在母親體內，抑制到後面所懷的男寶寶的這種因子。至於這種因子到底是什麼？目前的候選者之一，是一個與 Y 染色體相關的次要組織相容抗原。不過現在的證據只有來自大鼠實驗，對這種抗原具有免疫力的鼠媽媽，生下來的小公鼠日後與母鼠交配及生殖的機會都會變小。

總而言之，這些研究都暗示了：懷孕期間的胚胎腦部發育，對於成年後的性取向有顯著的影響。雖然我們不能否認，人類的性表現也深受個人生活史的影響，但是基本藍圖似乎是在生命之初就已經設計好了。

但是有一些證據顯示這個想法可能是真的。

女性在性高潮時，催產素的濃度會升高，而男性在性興奮時，精胺酸增壓素濃度會增加。此外，功能造影的實驗也暗示，男女兩性所經歷的浪漫愛情，以及男性的性高潮，都能活化類似的腦部報償區域，也就是有催產素和精胺酸增壓素接受器的區域。當人們陷入熱戀，位於中腦的腹側被蓋區會顯得特別活躍；至於交往差不多一年、進入長期穩定關係的戀人，在觀看愛人的照片時，則是其他區域比較活躍，包括腹側蒼白球，也就是草原田鼠的配對結合區域。

這些發現暗示，人類的浪漫愛情可能牽涉到催產素、精胺酸增壓素以及其他腦部報償回路，全都是田鼠形成配對結合的重要環結。

如果你在戀愛時曾經做了些愚蠢的莽撞之舉，卻在事後納悶，我怎麼會相信那個窩囊廢？那麼你或許有興趣知道，催產素似乎也能增加人際互動時的信

任感，即使是對陌生人。

有一項實驗要求受測者玩一場遊戲：投資者可以選擇冒險拿出部分資金給受託人來賺取金錢；而受託人則能取得投資者的錢加上紅利，然後再選擇要將多少錢還回給投資者。如果受託人值得信任，遊戲雙方都將因投資者的決定而獲利，否則就只有受託人自己獲利。

結果，從鼻孔噴進一點催產素的投資者，比起沒有服用催產素的投資者，前者拿出錢給受託人的可能性是後者的 2 倍。但是，只有在由真人擔任受託人的時候，才會看到這種效應，如果是由電腦隨機決定讓投資人獲得多少錢，就不是這樣了。因此，催產素似乎特別與人際互動有關。這些結果暗示了：當你處在這些改變心智的物質的影響下，例如性高潮時分泌的物質，最好避免做重大的財務決策。（換句話說，你要小心枕邊細語！）

撇開生活裡的決策，我們來看腦袋裡最戲劇性的兩性差異，就落在控制你床上行為的腦區。這裡指的並不是認知上的性別差異，那些太細微了，而且只能藉由比對族群的平均值才顯現得出來（請參考第 25 章）。相反的，兩性腦部控制性行為的區域差異可大了，大到你只需要看到這些區域，就可以說出哪一個腦袋屬於男性，哪一個屬於女性。

這些性別差異在出生之前就開始了。首先，在男性獨有的 Y 染色體上，有一個基因會率先指揮製造某種因子，這種因子能誘發男性胚胎形成睪丸。接著，睪丸會釋出睪固酮來提升腦部及生殖器官的雄風，也會釋出其他幾種激素，來抑制女性生殖器官的形成。奇怪的是，女性的發育在胚胎的這個階段不需要任何激素，這使得科學家忍不住猜測，女性或許是先天「預設的」性別。

除了少數例外，與性行為相關的激素，對腦部的影響主要發生在兩個階段。第一個階段大約是在出生時，激素控制了與性行為相關的腦袋部位的發育，來整合腦袋。但是那些性行為還不會表現出來，要等到青春期過後，才會由雄性激素或雌性激素來活化。因此，要發展出正常的性行為，必須成功的通過出生與青春期這兩個階段。成年後要有活躍的性行為，似乎得依靠睪固酮，這種激素同時與男性和女性的性慾有關。

性行為是由下視丘這個腦袋部位所控制的，這個部位對於其他基本功能也很重要，像是吃、喝以及體溫調節等。在鼠類，如果下視丘裡的前視區受損，會讓公的大鼠完全沒有性行為。

在齧齒動物的下視丘裡，有好幾個區域的體積都會因性別而有所不同，有些區域是雄性的較大，有些區域則是雌性較大。對於大部分區域來說，這些體積上的差異，都是在生命之初的一個敏感期由激素造成的。如果激素沒辦法在需要的時刻現身，這些區域將不會發展出兩性結構上的差異。

不過，性激素還是能在成年時期影響腦中某些只與性別有關的解剖結構，最明顯的就是一個位於杏仁體內、對男性性興奮很重要的核，以及某些具有精胺酸增壓素接受器、而且對於配對結合很重要的區域。

就配對結合來說，我們對齧齒動物這方面的神經路徑，掌握了比較詳細的資料。基於某些理由，我們相信，基本的系統在人身上應該也是類似的。

科學家在人類的下視丘，找到一項很確實的性別差異。下視丘裡的那個區域叫做第三間核，男性的第三間核是女性的 2 倍大。

當然啦，人類的性行為也與許多社會互動有關，比其他動物複雜得多。然而，有件事你聽了可能會嚇一跳：人類學家發現，調情的行為模式在許多不同文化裡都極為類似。這暗示了，這些行為模式可能深受生物性的影響，勝過文化經驗的影響。

就像我們所指出的，科學能解釋許多關於愛與性的東西，但是當然無法完全解釋。這個我們倒不在乎。我們很樂意讓愛情保留一點點神祕感。

05
理性的腦

21

該怎麼下決心、做決策？
學學猴子的把戲

物理學家費曼（Richard P. Feynman）在許多方面都遙遙領先同儕，像是無與倫比的物理定律直覺、閃電般快速的計算能力，而且他閒暇時還是個惡作劇大師。但是費曼卻很不擅長做重大決策，尤其是在時間倉促的情況下，他曾經這樣寫道：「不論給我多長時間，我都沒有辦法決定非常重要的事。」

當費曼加入曼哈坦計畫時，對他來說，這是一項全新的重大挑戰。許多學術圈的尋常規則，例如研究必須做到完美才能發表、證明定理必須要嚴謹⋯⋯全都得先丟到一邊。這項緊急的計畫迫使原本在學術圈裡的物理學家放棄慣用的步調，因為他們必須在建造原子彈的競賽中打敗納粹。

這段期間，有一位上校很令費曼佩服。有一次，上校必須決定是否准許費曼對橡樹嶺國家實驗室的團隊簡報機密資料。這位上校在 5 分鐘內，就看出了自己有必要做一個快速的決策，而且也馬上就做出來了，他允許費曼去做簡報。費曼獲得批准之後，馬上大展身手，最後也贏得讚賞。

雖然戰時的情況是比較極端的例子，但決策在某方面總是會受到限制。你很少有機會在做決策前，掌握所有需要的時間或資訊。舉個最普通的例子，你通常沒有辦法預先得知，在早晨交通尖峰時段走哪一條路線去上班最快，但你還是得選一條，否則就永遠上不了班。

直到幾年前，神經科學家都沒有研究過「做決策」這回事。他們的焦點一直放在和輸入（感官資訊如何編碼）或輸出（動作如何編碼）直接相關的流程上。不過，最近研究人員已經開始了解介於輸入與輸出之間的一個最基本的動

作：決定要把眼神在何時轉向何處。這個簡化到不能再簡化的決策實驗，捕捉到了「在正確性與速度之間做取捨」的特色。

實驗程序如下：讓一隻猴子坐在椅子上，眼睛盯著面前電腦螢幕上一堆跑來跑去的圓點。猴子知道，如果能猜中大部分圓點移動的方向，實驗人員就會給牠果汁喝，柳橙口味的，牠最愛的喔。猴子盯著這些圓點，有些往左移，有些往右移。剛開始真是令人摸不著頭緒，但是看久一點之後，牠壓下某個按鈕。嗯，果汁來了。

同個時候，隔壁房間有一名研究人員，躲在一堆電腦旁邊，讓猴子看不到。他們用一個影像監視器來顯示猴子眼球的運動，同時，來自猴腦神經元的電訊號會啟動擴音器，發出喀的一聲，這些電訊號是由安裝在頂葉皮質的電極所記錄到的。猴子眼球的運動及神經活動，當然還有喝果汁的動作，都給一一記錄下來，準備稍後做分析。

一定要追求A+嗎？還是A就行了？

珊卓和聲宏都不擅長做決策，我們兩人都希望得到最好的結果，不論是決定去哪兒渡假，或是中午該吃什麼。這真是太難達成了。

結果呢，我們往往花太多時間在做決定。譬如說，買機票時，我們會查看幾十種選擇，試圖找出票價最低、機場最近、轉機點最少的班機……等我們找到了，啊，那班機票已經售完了，那就再重來一次吧。等到終於做成決定，我們又會花更多的時間，來懷疑這樣是最好的嗎？真是快把我們的另一半逼瘋了。

我們這種下決策的風格，很符合一種歸類為**極大化者**的模式。極大化者花了許多時間在擔憂差異問題，不論差異有多麼小。在處處都是不同選擇的消費社會裡，當另一個選擇也夠好時，極大化者往往苦於沒有能力認出某項選擇已經夠好了。事實上，從經濟觀點來看，花費額外的時間在追求極大化上頭，以獲得最好的選擇，這是很沒道理的，因為你的時間就是機會成本，也具有金錢價值。

第二種下決策的風格，稱為滿足化。這個名詞講的是，選擇一個只要能滿足某個目標的選項。**滿足化者**一直尋找到發現某個選項夠好，然後就此打住。滿足化者很有決斷力，他們不回頭看，也很少後悔，甚至對錯誤也不後悔。就像諺語所說的，「完美」是「好」的敵人。滿足化者的最完美榜樣，首推華爾街的交易員，他們每天得做出幾百項決策，而且都沒有時間後悔。

心理學家史瓦茲（Barry Schwartz）大力推廣極大化者與滿足化

者這種二分法，而且他指出，平均說來，滿足化者要比極大化者來得快樂。

　　珊卓與聲宏目前正慢慢改進，學習更快做出對當前任務最完美的選擇。而我們身邊的滿足化者配偶，則是盡量適應我們的極大化者方式。至少，身為滿足化者的他們，不太可能會質疑，當初為何要跟我們結婚。

　　實驗開始之後，那些代表棘波（請參考第 3 章）的喀喀聲，響得愈來愈快，然後在猴子眼球開始向右方移動之前，達到最高點，之後就安靜下來。如果眼球移向左邊─電訊號就沒有變化，只是穩定的低水準活動量。決定眼球要向右看時──則出現許多棘波。一而再的，這個神經元的活動都預示了「向右看」的決策。

　　科學家發現，決策相關訊號位於腦部的側頂內區（簡稱 LIP）。在那些會把資訊輸出到 LIP 的其他腦部區域裡，這些圓點的資訊在性質上比較是即時的感官資訊。LIP 似乎能把陸續送來的訊號整合起來，以決定眼球該往哪裡轉，比較有可能喝到果汁；雖說對於 LIP 到底在計算什麼，學者之間還有爭議。這時候，如果對 LIP 施加微弱電流，將會影響猴子的決策，讓牠的眼睛看錯方向。

　　此外，如果以人工方式操控動物，讓牠們的動機變強或變弱，也能影響 LIP 的神經反應。如果動物更專心、或是期待更多果汁、或是打算做一些動作，反應的速度都會變快。在每個案例中，LIP 神經元與行為受影響的方式是一樣的。科學家認為，神經元會累積各種足夠的證據，而 LIP 有助於腦部的其他區域決定眼球要不要轉動，以及要轉向哪裡。

意志力能不能鍛鍊？

心理學家已經證實，在做出選擇與決策、擬訂行動計畫、然後執行那些計畫⋯⋯整個過程中所需要的意志力資源，有可能會枯竭。

凱斯西儲大學做過一系列的研究，受測者被要求完成兩樁需要運用意志力的任務。結果，受測者在執行第二樁任務時，持續力會下降。前後兩樁任務可以毫無關聯，譬如像「吃紅蘿蔔」與「解一道不可能解開的謎」。為了要凸顯紅蘿蔔的難吃，實驗人員特意安排讓受測者在吃紅蘿蔔時，身邊還有其他人正享用剛出爐的美味巧克力餅乾。結果吃紅蘿蔔者的人，很快就放棄解謎題，平均只撐了 8 分鐘，還不到吃巧克力餅乾的人平均時間的一半。

同樣的，被要求編輯一份乏味透頂的文章的受測者，在接下來觀看一支極端沉悶的影片時，持續力也比較缺乏。另外，在體能透支或是備受壓力的情況下，意志力也會降低。

關於「意志力有限」這件事，告訴我們一個很有趣的觀點，那就是各式各樣的任務都需要動用到同一個「意志力庫存」。很多人從這個模型，又延伸出一種看法：既然「意志力庫存」會消耗，那就得想辦法先補充，於是乎，拿某件事來鍛鍊意志力，將能增強你執行其他困難任務的能力；或者是，從事一連串不相干、但都需要意志力的任務，也會是有效的意志力鍛鍊法。

意志力就像肌肉一樣可以鍛鍊，這個想法與某些心理學家，以及那些自我成長書籍的感性訴求，殊途同歸。這種意志力鍛鍊

法的觀念，在軍隊的新兵訓練營給發揮到極致，在那兒受訓的新兵，被要求執行諸多艱困的任務。同樣的，水門案件裡的大壞蛋利迪（G. Gordon Liddy）也有同樣的想法，他把手放在蠟燭火燄上，來鍛鍊自己的意志力。

雖說研究暗示，任何一種「努力不懈的意志力」，都會干擾到緊接在後面的任何一種「努力不懈的意志力」，但還是沒有人曉得，為什麼意志力會是有限的。一個可能性是，腦部產生意志力的機制，倚賴的是可能會消耗的有限資源。與意志力的耗竭形成對比的是執行功能，這是一組能讓我們在各種情境下選擇適當舉止的能力，可讓我們壓制不適當的行為（請參閱第 14 章）。執行功能使用得愈頻繁，表現就愈好；也就是說，執行功能的資源是可以隨著練習而增長的。

我們不確定意志力能不能鍛鍊。不過倒是有好幾個學習系統，可能和意志力有關。科學家認為，這些學習系統必須依賴腦袋許多部位的突觸連結的變化。若要研究意志力，腦袋中有一個部位可能很值得觀察，那就是前扣帶皮質。它位於前腦，很靠近前額葉結構，前扣帶皮質如果受損，注意力和下決策的能力都會跟著受損。換句話說，意志力強化鍛鍊法如果有效，很可能是使得前扣帶皮質以及和其他執行功能的相關區域（例如前額葉皮質）產生了生理變化。

所以啦，你不妨多練習一些艱難的任務，像是強迫自己善待你最討厭的傢伙。結果呢，那樣子訓練出來的鋼鐵般的意志力，很可能能夠幫助你貫徹節食計畫，不再三天打漁、兩天曬網。

LIP 裡的神經活動甚至可以反應輸入資訊的品質。如果圓點模式比較沒有組織，那麼神經活動的加速就會比較慢，不如圓點模式比較清楚的時候。圓點模式比較清楚時，神經活動會比較快達到某個程度，也就是到達「決策門檻」，那麼決策會下得更快。於是，資訊愈清楚，確定性就愈高，也就是工程師所謂的「較高的信號雜訊比」，信號高，而雜訊低。

　　《別鬧了，費曼先生》這本書裡有提到，在某一場曼哈坦計畫委員會議上，費曼觀察到另一種低雜訊資訊的整合。與會者全都是傑出的科學家，其中4人，包括費曼，後來都拿到諾貝爾獎。費曼很驚訝的發現，這個菁英小組裡的任何爭端，只要在每人說明自己的情況一次之後，就可以解決。凡是參加過一般公司企業會議的人，想必都能明白，為什麼他會對於這種高效率如此讚嘆。

　　猴子實驗呈現出的單純畫面：神經元蒐集資訊，然後想出何時證據才足夠，可以停止蒐集資訊，並做出抉擇。這幅畫面也許可以讓我們更了解人類所做的更複雜與更智慧的決策。和費曼的委員會一樣，一群群的神經元必須通力合作，來整合資訊。一旦證據的量累積到決策門檻值，動眼的決策就會下達。然而，我們目前還沒有辦法觀察到這些神經元之間的互動。最接近的做法，只有利用電腦來模擬可能發生的狀況。在真實世界中，仍有一項主要的挑戰是，須得找出辦法來同時觀測整組負責下決策的神經元。

....

最終決策的精髓是旁觀者參不透的；
事實上，通常連決策者本人都參不透。

甘迺迪／John F. Kennedy，美國第35任總統

....

　　出了實驗室，做決策變成更複雜的問題了。人類面臨的決策，可以大到「是否要接受一份工作」，或是小到「晚餐應該吃什麼」。在這些情況下，我們的腦袋受到召喚，來整合各種完全不同類型的資訊。

　　很不幸的，我們的腦袋並非天生設計來整合複雜的量化事實，大概是因為腦的演化目標主要是「交涉人際事務」與「在天然威脅下求生存」，而不是為

了要解決與數量有關的謎題。

古典經濟學有一個合理的假設：人人都能很理性的評估成本與效益。事實上，腦袋所慣用的估計法，並不適合做這類評估。譬如對於報酬可能性低到極點的事件，像是中樂透彩，大腦通常會高估了，而且是高得離譜。

如果我們對於所謂的「可能性極低」，譬如說 1% 代表什麼意思，缺乏直覺的概念，那當然就沒有辦法很理性的認為「花錢買樂透幾乎等於把錢丟到水溝裡」。即使長期槓龜、損失下注金，是擺在眼前再真實不過的事，但只要某個樂透大獎贏家的故事還在流傳，就足以成為強烈的動機因子，讓人忘掉微乎其微的中獎機率，轉而擁抱不合理的期待。（而且，像中樂透這樣的重大財務報償，對於快樂，正如第 18 章討論過的，其實只有暫時性的影響力。）所以啦，民眾還是不停的買樂透，而世界各地阮囊羞澀的政府更是樂於大加利用這件事。

關於非理性下決策，甚至還有更極端的例子。在卡尼曼與特弗斯基研究的腦袋經驗法則當中（請參考第 1 章），有一項是：人類在估計數值方面是出了名的差勁。當人們受要求猜測罐中裝了多少豆子時，得到的答案差別之大，就好像他們是靠轉輪盤來決定的。

從各種經濟推理研究當中，我們可以看出一項通則，那就是成本與報償如果不是馬上會發生，就會被看得比較輕，而且愈晚發生，就愈給看輕。

我們腦袋機制裡的這個盲點，曾經被用來遊說人們多多儲蓄，準備未來的退休基金。有一個叫做「明天存更多」的計畫，並沒有要求員工馬上把錢撥入退休金戶頭，因為沒人會情願去做這種事。相反的，這個計畫要求員工答應，從自己未來的加薪中提撥一部分來儲存。結果，這個計畫獲得員工的支持，人們願意給出自己還沒有得到的東西。他們並不會感覺到現在的生活方式有什麼損失，因此配合意願也比較高。

這就是一個好例子，告訴我們如何扭轉腦袋的盲點，把它轉移到某個對你有利的重點上。但是這可不容易做到，因為同樣的腦袋盲點，現在可能正在勸你大吃培根呢，即使你知道這樣可能會害你將來得心臟病。

22
智力是怎麼來的？
基因與環境都重要

　　一聽到智力這個話題，有些人就神經緊繃，甚至連防衛心都跑出來了。那是因為他們把焦點擺在錯誤的問題上。

　　科學家知道許多關於個人智力差異的事，以及差異的源頭，但是這些資訊沒辦法讓報章雜誌大賣。反倒是，記者們老是喜歡報導不同族群之間的比較，區分族群的標準可以是性別、種族、國籍之類的，然後在報導中悲天憫人的擔憂：任何差異都可能拿來當作不同族群差別待遇的合理藉口。這，正是令許多人神經緊繃的原因！

　　智力研究從來名聲就不太好，不過能怪誰呢？那是這個領域某些早期研究自己招惹來的。這個領域的歷史，和一些「企圖證明某些族群的人比其他族群優秀，因此理當享受特殊待遇的研究」關係緊密。在這樣的過程裡，我們可以看到偏見如何影響科學結論，而研究人員變成了經典寓言裡興風作浪的人。

　　美國演化生物學家古爾德（Stephen Jay Gould）所著的《人的誤測》一書中，描述 19 世紀的人為了要把腦容量與智力扯上關係，如何篩選數據，好支持學者認為必定正確的結論。這些傢伙可不是蓄意做假，相反的，他們是無意識的採用不同標準，來看待不同族群的數據，結果很一致但錯誤的發現：他們本身所屬的族群，正是腦袋比較大的族群。

　　由於這種潛在的偏見很難避免，現在科學家通常都採用「盲目試驗」的方式來分析數據，讓分析者不知道哪一個數據來自處理組，哪一個來自非處理組。此外，早期的測試法將「智力」與「知識」混為一談，於是受過教育的測

試者，表現自然比較好，雖然他們不一定比沒上過學的人聰明。

這些科學謬誤事關重大，因為它們會對公共政策產生影響。許多早年的智力研究者都傾向於優生學這種想法，認為人類像狗或牛一樣，可能可以藉由選拔育種來改良品種。當然，要如何執行這個計畫，就看你怎麼定義「改良」了，而且唯有在你想要改良的特徵是以某種直接的方式受到基因影響，這種情況下，這個計畫才有可能落實。如果你想培育出具有「受社會敬重」特徵的人，它的定義與執行都會有問題。

優生學曾經導致很多不合理的情況，這在近代史上屢見不鮮。譬如假借各種千奇百怪的理由，像是貧窮、精神疾病或是不當性行為，來制定制度，要求某些人絕育。很多國家目前還保有這類法律，但是徒存形式，幾乎沒有再強制執行了。若不是優生學這麼惡名昭彰，單純從科學上來看，優生學其實是很有趣的主題。

目前還不清楚，智力是否具有任何幫助長期生存的價值。
霍金／Stephen Hawking，英國理論物理學家

隨著智力研究愈來愈嚴謹，許多研究都把焦點放在影響個人表現的因子上。個人之間的智力差異，其實比已知任何族群之間的差異大得多，但即使是一個人的智力表現，也可能隨著時間、情境或測驗的不同，而出現變化。

許多微妙的情境因子，能影響個人的智力測驗表現，這些因子通常都與特定族群有關。大部分人並不了解這些情境因子的影響，有多麼普遍而且強大（請參考 🔍 實用訣竅：**考試前為自己打氣，會考得比較好**）。也由於這個原因，雖然智力差異會強烈影響許多測驗的成績表現，但是這些差異並非終身固定不變的。更重要的是，環境對於智力發展具有很強的影響，因此在某一代族群之間的差異，並不會自動延續到下一代身上。這些事實就可以讓「企圖根據智力測驗結果，來進行人類育種」的想法徹底瓦解，即使撇開倫理道德不談。

考試前為自己打氣，會考得比較好

考試之前，如果有人提醒你，說你是屬於某個刻板印象的族群，即便只是隨口說一句「女生的數學不好」，都可能影響你接下來的測驗成績。你如果一想到自己屬於負面的刻板類型，表現就會變差——尤其是旁邊還有人告訴你，那個測驗很難哪，是專門設計來考倒你們這群人的。

與性別、種族、年齡、以及社經地位有關的刻板類型，常常會產生這樣的效果。

即使受測者沒有意識到這些提醒，例如非洲裔美國人的臉孔很快的在電腦螢幕上一閃而過，讓人對它沒有意識上的知覺，那還是可以產生影響。更有趣的是，這些效果會出現在不屬於那個刻板類型的族群，例如年輕人在聽人提到年長者的刻板印象後，連走路都變得比較遲緩。之所以會出現這種現象，可能是因為「想到那種刻板印象」這個腦部活動，是占用到工作記憶的資源，而這些資源本來應該用在做測驗的。

好消息是，只要多一點心思，就可以減輕或是避免這個困擾。很顯然，老師不應該在測驗前，直接或間接的傳達說，某些學生應該會考得比其他學生差。而且，標準化的測驗應該是在填寫完答案卷之後，再蒐集受測者的人口統計資料，而不是在測驗開始之前，就要考生填寫。

這個效果，同樣可以作用在反方向上：如果受測者剛接觸過與刻板印象相反的事物，成績表現可能會增強。譬如說，女孩子在接受數學測驗之前，才剛剛聽完知名女數學家的演講。

幾乎所有的人都可以歸入不止一種族群，所以最實際的做法應該是，帶著比較正面的刻板印象赴考場。譬如，兩性在空間推理的表現上，始終都呈現出差異，而且都是男性反應得比女性快速且正確（請參考第 25 章）。當大學生在做空間推理測驗之前，被問到有關性別的問題時，那麼女生答對的題目就只有男生的 64%。但是當考前所問到的問題，是提醒他們是一流大學的學生時，女生答對的題目就會達到男生的 86%。

　　男生在受到提醒身為男性時，確實表現會更好，但女生則是在受到提醒身為菁英學生時，表現比較好。也就是說，女性受到提醒的是一個正面刻板印象，而不是負面刻板印象的時候，男生與女生之間的分數差距就縮小了。

　　我們的腦袋可能會針對各族群做出一些通論，就像第 1 章討論過的。所以啦，如果你期望刻板印象能從此消失，恐怕不大可能。我們反而建議，善用你的腦袋偏愛走捷徑的特性，選擇一種自己想呈現的正面形象。

　　現在，請趕快動動腦筋，多想一些吧！

　　智力有很多個面向，但我們現在要把焦點擺在心理學家所謂的流動智力上。流動智力是指：面對從未碰過的問題時，你的推理和解決問題的能力。這種能力與你已經學會的技能與事實（像是字彙等）不同，它最能夠預測出你從事各種不同任務的表現。

　　最理想的流動智力測試法為「瑞文氏高級圖形測驗」，這種測驗完全不用文字，可以避開受測者的字彙能力差別。瑞文氏高級圖形測驗會展示一組具有

烏鴉、章魚的小腦袋瓜一點都不傻

2005 年，一隻名叫貝蒂的烏鴉，因為設計工具而出了名。研究人員給貝蒂和另一隻名叫亞當的烏鴉一項挑戰，要牠們把籃子從一個很深的透明圓筒中取出。起先，這兩隻鳥兒都得到一根彎曲的鐵絲，而牠們也都用這根鐵絲勾住籃子的提把，把籃子吊出水面，裡面有牠們的獎賞：一片肉。第二次，牠們得到的是一根直的鐵絲。貝蒂見解獨到，牠用自己的鳥嘴把鐵絲弄彎，然後取得獎賞。

貝蒂的這項才能對於烏鴉來說，可能是很不尋常的，因為亞當就沒有辦法做到這樣的智力躍升。但是，其實除了人類之外，還有許多動物都有複雜的心智表現。在鳥類和哺乳動物中，不乏智力表現傑出者。例如鸚鵡、渡鴉、烏鴉、黑猩猩、海豚，全都具有超強的解決問題的能力，以及複雜的社會結構。

另一個讓人印象深刻的才能是模仿，要做到這一點，動物必須先觀察某個動作，然後把這些觀察轉換成重複的行為。具有這項技巧的動物包括大猿（黑猩猩、大猩猩和紅毛猩猩）、海豚、鴉科鳥類（烏鴉、渡鴉和松鴉）、以及鸚形目鳥類（鸚鵡、虎皮鸚鵡和啄羊鸚鵡）。

在某個典型的實驗裡，研究人員給渡鴉一個加了蓋的箱子，裡頭的隔間裝著一片片的肉。蓋子是用鉸鏈安裝的，所以只要拉一下箱子中央的一塊板子，就可以打開箱子；但是也可以從側邊拉扯另一片板子，來打開箱子。最後，經由嘗試錯誤，渡鴉發現了如何拉中央的板子來開箱。後來，研究人員把中央的板子遮

住，逼這些渡鴉去發掘側邊的開箱法。如果某隻渡鴉看到另一隻渡鴉拉側邊的板子，成功打開箱子，這第二隻渡鴉會更傾向採用這種側開的技巧。

　　具有智慧型認知能力的哺乳動物與鳥類，共同特徵為前腦占腦容量很大的比重。這些前腦較大的動物，能夠創造出平均族群較大、社會階級與互動也較複雜的社會。例如前腦比較小的雞，

牠們所發展出來的「啄序」，是按照強弱的啄食順序，就是一個相當簡單的社會結構範例。相對的，前腦比較大的動物，像是渡鴉和黑猩猩，都是生活在不停變動的社會團體中。我們可以在這些動物族群裡，認出相當於人類社會裡的稱謂——譬如禿鼻鴉議會，或是狒狒國會。

有一群高智能動物，因為怪異而獨樹一格，那就是章魚。一般章魚的腦袋重量，比美元一毛錢的銅板還輕，寬度也只及一毛錢銅板的一半，但是章魚卻有辦法學習、模仿、解謎以及欺騙。譬如說，章魚能夠受訓分辨紅球與白球。而且，受過訓練的章魚與另一隻沒有經驗的新手關在一起時，新手章魚在僅僅看過 4 次老手如何選擇後，就會模仿了。

因此章魚管理員通常都得設計一些新謎題，讓牠們有事可忙。例如，在俄勒崗海岸水族館中，章魚必須操作一組由合成塑膠管做成的滑板遊戲，以取得一滿管的魷魚。牠們果真做到了，只在短短 2 分鐘之內！

無脊椎動物的腦袋，通常只是由幾堆神經元組成，和脊椎動物差別非常大。章魚的中樞腦部的生長速率驚人，在一生中，能長大超過 100 倍，是所有脊椎動物都無法相比的。人類腦袋的體積是章魚腦袋的 600 倍，但是章魚在牠的腕足上還有許多的神經元，可能也有助於處理資訊。

以上這些觀察告訴我們，無脊椎動物和脊椎動物雖然各自演化，卻產生了同樣的學習能力。很顯然，只把前腦當成智力所在之處，是太過褊狹了。了解章魚、烏鴉以及人類腦袋的共通點，或許能幫助我們想出，智力到底是如何造就出來的。

一般特徵的幾何形狀，然後要求受測者選出另一種形狀來匹配。

你腦袋裡的哪一部分負責這種能力？呼聲最高的候選部位是前額葉皮質。前額葉皮質如果受到損傷，許多抽象推理能力都會出現障礙。在正常人的腦袋裡，前額葉皮質的體積確實與流動智力相關。腦部掃描也顯示，進行多種不同的智力測驗時，受測者的外側前額葉皮質會活化。

不過，對於流動智力來說，前額葉皮質大概不是唯一重要的區域。在抽象推理及智力的腦部掃描研究中，大腦皮質的頂葉區也會活化。

流動智力與工作記憶密切相關，都屬於在心裡暫時保持記憶的能力。工作記憶可以簡單到「從下車走到宴會場地期間，記住那個門牌號碼」，也可以複雜到「記住你試著解決的某個邏輯謎題的可能答案，同時繼續推敲那個問題的另一個可能答案」。流動智力很高的人，對於讓人分神的事物，比較有抵抗力；也就是說，當他們暫時把注意力轉到其他地方時，原來正在從事的任務進度比較不會受到影響。

整體來說，基因可以解釋起碼 40% 的個人智力差異，但是基因後續的影響會隨著環境而產生變化（請參考第 15 章）。同卵雙胞胎分別給不同的中產階級家庭領養後，顯示出智力具有 72% 的相關，但這也可能高估了遺傳方面的貢獻，因為雙胞胎在出生前是共用同一個子宮環境的，而產前環境能解釋 20% 的智力相關。還有一點不能忽略：同卵雙胞胎常常是給安置在條件類似的家庭中。

此外，有好些因子也會強烈影響智力測驗的結果，這些因子包括教育、營養、家庭環境、以及是否接觸到含鉛顏料與其他毒物。事實上，當環境很差的時候，基因的影響力會下降到只有 10% 這麼低。由此看來，是基因對個人智力設定了一個上限（請參閱第 15 章），但是出生前和兒童時期的環境，可決定個人是否能充分發揮遺傳潛能。

就像我們以前說過的，基因與環境的互動可能非常複雜。當人的年紀漸長，遺傳對智力的影響力會變強，這可能是因為人們習慣尋求適合自己遺傳天性的環境。譬如說，具有高流動智力的人，往往容易愛上需要時時運用推理技巧的職業，而這類職業又能反過來幫助推理技巧更精進。

腦褶是智力的象徵

關於大腦表面的皺褶可能與腦功能有關的想法，至少可以回溯到 17 世紀。英國科學家魏里斯（Thomas Willis）曾寫過：「腦中的積褶與迴轉處，提供了更寬敞的空間〔讓動物靈魂擴張〕來運用記憶與想像。」後來，因為科學家僅僅根據手邊能取得的少數幾種動物腦袋，例如牛和豬，證明人類腦袋的皺褶最多，而使得這個想法更受歡迎。

然而，幾位知名的智者在身後捐出腦袋供科學研究，讓這則迷思出現了矛盾。這些智者的腦袋外表非常相像；而且這些傑出的腦袋與比較不傑出的腦袋相比，腦部的皺褶程度大致相等，也看不出有何差異。

同樣的，在其他哺乳動物，腦褶也與認知智慧無關，而是與絕對腦容量有關。腦容量與腦褶總是齊頭並進，所以腦褶只能告訴你，那顆腦袋有多大而已。腦褶最多的動物，是鯨魚和海豚，腦褶最少的動物則是尖鼠與齧齒動物。這些腦褶是怎麼形成的？目前最盛行的假說是：神經之間的連結將皮質表面拉扯到一塊，就像粗糙的縫紉手法，往往造成一大片皺褶。

腦袋表面摺疊起來的用處之一，可能是這樣做能減少腦袋裡神經配線所占用的空間，大量的神經軸突不僅粗大笨重，而且會需要很長的距離來傳送訊號，使得處理時間變得更長。（這項規則唯一的例外是海牛，牠們的腦袋和黑猩猩一般大，但是卻平滑得多。這可能是因為海牛的動作慢得不可思議，因此不需要讓訊號快速穿越腦袋。但是沒人敢確定真是這樣。）

如果智慧不是由腦褶決定的，那麼會是由腦容量來決定的嗎？不盡然。腦容量主要看動物的體型大小而定，體型比較大的動物通常會擁有比較大的腦袋。原因為何，目前並不清楚。有一種可能是，體型比較大的動物，肌肉系統也比較複雜，因此需要一顆比較大的腦袋來協調運動。

但在另一方面，具有額外的腦容量（相對於體型大小而言），似乎真的可以增加認知能力。這些「額外」多出來的腦容量，與社交及認知的複雜度有關。譬如說，人類在同等級體重的動物中，是腦袋最大的一種，人類也是這些動物當中，社交認知行為最複雜的。

很重要的一點是，人類多長出來的腦容量都集中在大腦皮質。我們的大腦皮質占全腦體積的 80%，這個比率是所有動物當中最高的。至於第二名是誰呢，一點都不令人意外，正是我們遠古時候的兄弟——黑猩猩與大猩猩。

總的說來，這裡的資料顯示：想改進人類智力的優生學提倡者，完全選錯了方法。就整個社會而言，如果我們能積極改善資源貧乏地區的環境，讓那些窮困地區的孩子發揮遺傳上的潛能，將更能提升整個社會的平均智力。這才是我們應該達成的目標。那些針對族群智力差異的爭議，徒然轉移了社會的注意力和資源，只會妨礙大家聚焦討論這個有實質意義的議題。

23

有些事忘不了，有些事記不來
真是傷腦筋

在倫敦市幾千年歷史期間，大部分時候的主要交通方式就是走路或搭乘馬車。由於這個城市並不是一開頭就規畫給汽車走的，道路簡直是一團糟。街道彎彎曲曲的，往往在最奇怪的角度來個轉折，而且通常很狹窄，只能單向行車。到處都是圓環和小公園。過了一個街口，街道名稱就變成另一個了。對於習慣棋盤式道路的美國訪客來說，真是噩夢一場。

想省時間免掉這些麻煩，雇輛計程車不失為一個好辦法。倫敦黑色計程車的司機，素以「很有效率的快速將你送達目的地」聞名。這麼說吧，你來到皮卡迪里圓環，攔到一輛計程車。你把所有行李放進乘客車廂（哇，比我在紐約市的小公寓還大！）然後告訴司機「格拉府登路」，經過幾次拐呀彎呀（對於日本、香港以外的大部分國家的遊客來講，看著其他車輛從你右邊急駛而來，真是坐立難安），終於，你安安全全，來到了目的地。

研究倫敦街道，是通過一項所謂「倫敦知識」的艱巨考核中，最重大的部分。準備報考計程車司機的人，會先騎著摩托車，帶著書本大小的電子地圖，在迷宮般的大街小巷一再穿梭，直到每一條街的位置，以及從其他地方趕到那條街的路徑，全都深深印在腦海裡為止。這個過程最後的高潮，在於一項需要好多個月才能通過的資格檢定考試。要取得倫敦的計程車駕駛執照，平均需要2年。

倫敦大學學院的神經科學家，檢視了許多計程車司機的腦部，想看看這樣密集的研讀地圖是否會造成影響。科學家利用磁共振造影技術，幫 50 名男性

計程車司機以及 50 名男性非計程車司機，製作腦部結構地圖。他們發現，司機與非司機的腦袋只有一個部分有差異：海馬，也就是形狀像是半展開的卷軸的腦部結構。

這項差異並不大，但是可以測量得到：司機的後海馬平均比非司機大7%，前海馬則平均比非司機小 15%。但是這些差異，在兩個小組裡面也很大，因此沒有辦法單憑觀看一張腦部造影相片上的海馬，就指出相片的主人屬於哪一組。

與非司機相比，司機的海馬後端比較大，海馬前端比較小。計程車開得愈久，這項比例上的差異就愈大。在公車司機身上觀察不到這項差異，他們雖然也需要每天開車，但都是在重複同樣的路線。

難道說，學習並運用「倫敦知識」會造成海馬後端的生長？這些差異可能是怎樣造成的呢？

為什麼你會忘了車鑰匙，卻記得怎樣開車？

在電影「記憶拼圖」中，藍納的腦部創傷令他無法記得自己剛剛發生的事（請參考第2章）。這項創傷把他的生活弄成一團令人迷惑的斷片。不過他卻記得怎樣開車。怎麼會這樣呢？

雖然我們一般都把記憶想成是個單一的現象，但它其實是由許多部分組成的。譬如說，我們的腦袋能夠記憶事實（像是祕魯首都在哪裡），能夠記憶事件（昨天我和一個朋友共進午餐），以及把某個特殊感覺與危險聯想在一起。同時，我們也記得如何前往城裡某個地點，如何解決一道機械難題，以及如何跳某個舞步。所有這些能力，都使用到不同的腦袋區域。我們所謂的記憶，是由以上這些線索合起來編織成的。

藍納沒有辦法學習新事實與新事件，正是因為陳述型記憶出了問題。這種記憶的形成，需要倚靠顳葉（位在腦袋側邊）、海馬、以及部分的視丘（位在腦核心裡的足球狀區域）。

其他類型的記憶，靠的是不同的腦部區域。譬如說，對於恐怖經驗（例如碰到一頭兇猛的熊）的強烈記憶，要靠杏仁體。學習某些類型的動作協調，像是如何把網球打得很順暢，需要靠小腦。

至於開車這樣的技巧，則需要動用好幾個腦部區域，但是不需要動用顳葉系統，也就是藍納腦傷所在的部位。顳葉受損的人，還是具有學習新技巧的能力，例如把人物畫成上下顛倒；可惜的是，他們通常沒辦法記住自己曾經練習過這種技巧。

活躍的神經元會分泌一種叫做神經營養因子的生長因子，它們不但能讓樹突與軸突擴充既有的分枝，甚至能激發出新分枝。我們已經知道，神經營養因子的分泌是神經早期發育的一項關鍵。之後若密集使用神經組織，可能也會促使神經組織繼續生長。成年人體內還是會長出新神經元的，只是比例很低，但是在海馬生長的比例比腦部其他區域都高。

我們還不確定，神經元的數目和體積的擴增，是否能影響功能，但是合理的猜測是：功能應該也能同步擴增才對。

這讓我們想到一個神經科學的核心問題：當我們學會某些東西時，腦袋會發生什麼樣的變化？

這個問題的難度在於，這些變化絕大部分可能都沒有辦法從腦袋的整體結構上觀察到。事實上，新資訊的儲存，有可能是倚賴神經元之間的連結強度的變化，也有可能是倚賴新連結產生方式的變化。這些變化對於你的腦袋體積造成的改變，不一定會比「一張紙讓你寫過之後，體積所產生的改變」來得大。所以說，藉著衡量腦袋結構的大小，來評估腦部的能力，是很粗糙又間接的方式。

研究人員最初會想要研究海馬，是因為已知海馬與空間導航能力有關，在人類和鼠類都是如此。大鼠走迷宮時，海馬的神經元只有在大鼠行經特定地點時，才會「點火」。由於大鼠的海馬具有幾百萬個神經元，因此迷宮裡每一個地點都有幾百個或幾千個神經元與之呼應，這些神經元會在大鼠抵達該地點的當兒點火，但不會在抵達之前先點火或抵達之後才點火。總和起來，海馬裡頭處於點火或不點火狀態的所有神經元，可以形成一張「位置細胞」地圖，藉由當時有哪些神經元在點火，來指示大鼠所在的位置。

當我們在玩一種很類似倫敦計程車司機開車路線的電腦遊戲時，同樣的現象也會出現在我們的腦袋裡。科學家通常不會去記錄人腦中個別神經元的活動，因為那樣做需要先打開頭骨。所以，研究腦功能的實驗人員必須找機會搭便車——搭嚴重癲癇症患者的便車，因為這些患者的頭骨已經給打開了。這些患者的腦裡之所以植入電極，為的是找出癲癇發作的起始點位置，以便在切除

記憶像彈簧一樣，能受壓抑，又能回復

　　記憶並不會像電腦中調出的影帶或檔案一樣，往回倒帶播放。相反的，它們似乎是以某種速記方式來儲存的，斷成一塊一塊的，其間無趣的部分都給消掉了，只剩下被你腦袋認為很重要的細節。就像我們在第 1 章討論過的，你的腦袋自己會發明一些細節，來編造一個更連貫的故事。這種情況有時會釀成悲劇。

　　一再重複某個想法，可以創造出從未發生的事件的記憶。在 1980 年代和 1990 年代發生的一波波醜聞中，社工人員和治療師宣稱，他們鑑定出童年受虐的「受壓抑的記憶」。這些故事在大量面談後，給揭露出來。這些面談的進行方式如下：訪談人員不斷重複提出具有引導性的問題，然後在有趣的答案浮現時，馬上回報以全神貫注的態度，做為嘉許。

　　其中有個著名的案件，發生在美國加州曼哈頓海灘的麥克馬汀幼稚園，是一樁宣稱有數百名孩童遭到性虐待的訟案——有些醜事竟然是發生在根本不存在的地下管線通道裡！這些令人匪夷所思的天方夜譚，牽涉出一長串的法庭案件，使得該校的導師巴奇先生因此坐了 5 年冤獄。

　　關於「填補記憶」這種現象，記載相當豐富。在某一項研究中，研究人員詢問民眾，當他們得知挑戰者號太空梭爆炸時，身在何處。結果，民眾在多年後所給的答案，竟然和爆炸剛發生時就給的答案不同。這更加證明了，人有時候會在不記得當時發生什麼事的情況下，發明出一些合理的說法。

　　同樣的，研究人員也在實驗室裡成功的刺激出一些假記憶。

譬如說，如果研究人員向你展示一張寫滿類似名詞的單子：冰淇淋、棒棒糖、蜂蜜、甜點、糖果、巧克力，事後再問你：砂糖這個名詞有沒有出現在單子上？有很大的機率，你會斬釘截鐵的說有，雖然正確的答案應該是沒有。這就是一個填補記憶的案例，腦袋做出一項可能有發生過的合理推論，雖說其實沒有。

記憶的脆弱性質在另一項迷思中，也參了一腳，而那則迷思要追溯回佛洛伊德的教學。佛洛伊德在毫無證據的情況下，懷疑創傷事件可能會受到壓抑，使得人們在意識層面察覺不到它們。

直到現在，這個說法還有人深信不疑，甚至包括許多從事心理衛生工作的人。然而，關於「壓抑作用」這回事，目前幾乎完全沒有科學證據。關於那些證據的弱點，著名的哈佛大學心理學家沙克特（Daniel Schacter）在著作《尋找記憶》中，寫得很詳細：嚴重的心理創傷，只有在創傷導致當事人昏迷或是腦部受損，又或是發生在年齡太小、還沒有辦法形成長期記憶的孩童身上（長期記憶大概是 3、4 歲左右才開始），才會被當事人遺忘；其他情況下，創傷記憶不可能受到壓抑而遺忘。大部分研究記憶的科學家也都同意，遺忘的創傷記憶又回復，是極為罕見的。

那些部位時，不要傷及重要的鄰近區域。

於是，實驗人員乘機在癲癇患者玩計程車司機電腦遊戲時，一窺他們腦中神經元的活動。這個遊戲要求玩家在一座模擬城市裡，駕車前往不同地點，那就像是一種去掉了幫派、犯罪與性的無聊版「俠盜獵車手」遊戲。

結果就和大鼠一樣，這些人的虛擬計程車司機腦裡，也有位置細胞。譬

如說，有些神經細胞只在玩家來到藥店門口才會點火，但是在雜貨店門口就不會。像這樣「神經細胞針對各個想像中的地點，產生特殊反應」的現象，是在玩家僅僅練習幾次之後，就出現了。怎麼會這麼快呢？有一種可能是：你的腦袋裡已經有一份類似空白地圖的東西，隨時等待與實際地點的經驗掛鉤。這可能是學習導航某個新方位的頭一個步驟，就像受訓期間的計程車司機帶著地圖，騎摩托車四處逛一樣。

除了和形成位置型記憶有關之外，海馬對於陳述型記憶也很重要，這種記憶牽涉到事實與事件的回憶，是一種學得很迅速、而且有意識習得的記憶。譬如說，如果你還記得這一章開頭提到的倫敦街頭計程車之旅（我們希望你還記得），你所動用到的正是陳述型記憶。

最早領悟到海馬及鄰近結構對於陳述型記憶非常重要的人，是加拿大心理學家米爾納（Brenda Milner）。1950 年代，米爾納幫一名代號 HM，剛動過腦部大手術的病人做檢查，這人動手術是為了治療極嚴重的癲癇發作。和玩計程車電腦遊戲的那些病人一樣，HM 的癲癇發作點始於海馬或附近的大腦顳葉皮質。不過，當時的標準療程並不包括在手術前先幫患者記錄腦部神經元的活性。醫

實用訣竅：

如何甩掉惱人的「魔音穿腦」？

詩人華德曼（Anne Waldman）給困住了！她和兒子正根據她的詩作〈鷹眼〉，辛苦的編寫歌曲集子。她在修改斟酌那些歌曲時，發現有一段樂音在她腦中盤桓不去，真要把她逼瘋了！這一小段樂曲為什麼死賴著不肯走？

每個人或許都有過這種「魔音穿腦」揮之不去的經驗。我們可以把這一小段困擾華德曼的樂曲，想成是一個「順序回憶」的範例。順序回憶在我們的記憶中，占有很特殊而且有用的地位。我們常常得記下事情的順序，譬如說，從一早沖泡咖啡時要用到的一連串動作，到每天下班回家，所經道路的路名。具備記憶這些順序的能力，讓你有辦法應付日常生活裡的許多事務。

當你想到一段歌曲或話語時，你的腦袋可能正在重複一段順序，因為那段順序能夠強化與這段樂曲有關的神經元連結。而這個動作，又能增加你記得這段樂曲的可能性，然後它又導致更多的強化作用。像這樣一再重複的循環，對於我們要強化的記憶或是把記憶凝固住，可能是必備的。

在華德曼的案例，這一小段樂曲帶給了她微妙的情感衝擊，形成一個正回饋的回路，牢牢的固著在記憶之中；只不過這個回路後來卻變成了惡意的循環，不請自來，再也送不走。

要怎樣打破這種沒完沒了的記憶及強化的循環？有一個辦法：引進另一個順序，讓它干擾這段記憶強化過程。刻意去想另一首曲子，也許能讓另一個足堪匹敵的新記憶，擠掉前一個記憶。華德曼當時就是利用傾聽寇克鐸（Jean Cocteau, 1899-1963）、浦浪克（Francis Poulenc, 1899-1963）的歌劇，來消除腦中一再重複的記憶。

這是我們能建議的最佳療法：找出另一首深具感染性的歌曲──只希望，治好你的曲子不要變得比原先的曲子更惱人，就好啦。

生只知道，癲癇通常是從顳葉及海馬開始發作的，就動手術把這些部位全都給切了。

手術後，HM 的癲癇發作頻率確實大大減低，而且他也能與人對話，解答邏輯謎題，執行日常生活的各種活動。但是他也有一個奇怪的毛病——記憶事件的能力喪失得很厲害，即使那件事才發生不過幾分鐘。手術過後頭幾個月，米爾納幫他進行了許多測驗。對於同樣的任務，他都能做得很好，而且重複幾次後，甚至還有進步。然而他卻始終無法對人和事件形成新的記憶。譬如說，每天早晨他和米爾納打招呼的方式，都好像他們是初次見面似的。

米爾納與其他神經科學家最後得出一個結論：顳葉對於形成陳述型記憶非常重要。HM 所遭遇的問題，現在可以在許多中風後的病人身上看到，因為中風損傷到他們腦部的顳葉結構，損傷到海馬。

由於位置型記憶（空間記憶）與陳述型記憶（情節記憶）都需要海馬，科學家猜測，這兩種記憶可能有某些共通的原理。其中一個想法是，它們可能都得按照前後的關聯，列出各事件之間的相對位置。在空間記憶中，關係是物理性的，是空間上的；在情節記憶中，關係比較是一般性的，是時間上的，甚至是邏輯上的關聯。海馬到底具備什麼生理特性，讓它有辦法做出這些邏輯關聯？

差不多一百年前，心理學家詹姆斯（William James, 1842-1910）提出：我們的經驗會觸發腦袋裡的活動順序，然後在適合的情況下，這些順序能引發一些變化，增加它們未來再次出現的可能性。如果活動順序一再重複，最後這些變化就會強大到只要某個提示激發了該順序的頭，就能觸發整個順序。

1949 年，加拿大神經心理學家海伯（Donald Hebb, 1904-1985）提出關於詹姆斯所謂的「變化」，可能是怎樣發生的。他的想法是，學習的基本成分是「神經元以精確的順序來點火」，而這個順序是由神經元之間的連結（也就是突觸）來設定的。在海伯的說法裡，神經元之間，突觸連結的強化或弱化，可能是某個點火順序被強化的基本方式。

海伯提出這項建議後超過 20 年，科學家洛莫（Terje Lomo）與布理斯（Timothy Bliss）證明了海伯的說法。他們發現，經過活化後，突觸確實有可能長時間改變它們的強度。這就是我們在第 13 章提過的長期增益。科學家後來發現，長期增益存在每一種動物身上，包括靈長類、大鼠、兔子、蛞蝓、昆蟲、鳥類、甚至章魚。這些變化可以持續數分鐘到數小時。持續的時間如果更長，連結有可能重新安排自己，生出新連結，甚至可能導致腦部結構上的變化，就像我們在倫敦計程車司機腦袋裡看到的「海馬後端比較大，海馬前端比較小」。

這些想法如何套用在海馬上？海馬的許多神經元都會激發鄰近的神經元，所以一個神經元可以激發另一個神經元，然後它再激發下一個，以此類推……也許可以形成很長的順序，但都是在海馬裡面，成為海馬的內部激發回路。

至於海馬與顳葉為什麼這麼容易造成癲癇？這些激發回路可能也扮演了一個角色。如果這些回路有形成正回饋的傾向，使得神經元的激發愈來愈激烈，那麼很有可能腦部活動就會失控，引起癲癇發作。事實上，大腦皮質裡也充滿了內部激發回路，而且皮質也是另一個主要的癲癇發作起始點。

24
沒來由的理性
為什麼會有自閉症？

　　如果你這幾年常注意報章雜誌，大概心底已有個印象，認為自閉症是由環境裡某種毒物所引起的，很可能是因為接種疫苗。根據一份最近的分析，這個想法在大眾刊物上吸引到的注意力，是科學文獻上自閉症論文的 7 倍，而大眾刊物表面上似乎是引述科學文獻來報導的呢。雖然自閉症的環境假說可以做成很吸引人的報導，但卻有一項重大的致命傷：它極可能是錯的，或至少可說是不完整的。

　　自閉症其實是一個通稱，包括各式各樣開始於童年早期的行為失調。我們可以根據三項特徵來定義自閉症：缺乏人際互動、不具備語言和非語言的溝通能力、行為重複且沒有彈性。目前 1 千名兒童中約有 6 名是自閉症患者，而且男生是女生的 4 倍。另外有一些人雖然語言能力正常，但是卻表現出其他兩項自閉症特徵，則被診斷為另一種相關疾病：亞斯伯格症。

　　自閉症所引起的社會行為問題非常明顯。要描述這些問題，可以套用研究人員所謂的「心智推論」來解釋。心智推論指的是：人類所具有的「想像他人知道些什麼、心裡在想什麼，以及感覺到什麼」的能力，大部分小孩在大約 3 歲或 4 歲時會發展出這項能力。

　　但是自閉症患者幾乎完全沒有辦法想像其他人的觀點，因此也就沒有辦法曉得別人是不是在撒謊、別人說的話裡面是不是語帶諷刺、是不是在嘲弄他們，或是在占他們的便宜。

　　他們尤其沒有辦法對於人的臉孔做出適當的反應，包括辨識或記憶人的

臉，以及察言觀色。大部分正常人在看別人的臉的時候，都會注意對方的眼睛，但是自閉症患者卻比較常看對方的嘴巴，再不然就是望向他處。

聲宏從小就和一個患有自閉症的妹妹聲美一起長大。小時候的聲美，非常晚才開始說話。幼兒時期的她，常常動手打其他小孩，或是在很不適當的時候亂喊亂叫。

和聲美對話是一件累死人的差事。對於像是「你好嗎？」這樣的問題，她的反應是跟著重複問一樣的問題，然後當別人教她該怎樣回答：「聲美，要說你很好。」她會答道：「你很好。」讓雙方徒增無窮無盡的挫折感。

很容易受到過度刺激的她，花很多時間坐在角落裡，一根手指反覆的輕敲另一隻手的手指。這種自娛方式似乎很能安撫她，但是卻沒有辦法讓她加入其他小朋友的團體，一起遊戲。

還是小男孩的聲宏，很不喜歡讓朋友到家裡來，深怕他們會突然被一聲怪叫或是更糟糕的舉動給嚇到。他發覺，無論是朋友家或是圖書館，都比自己家裡來得安寧。

聲美的毛病這麼明顯，她在 5 歲時就給診斷出罹患自閉症，這在 1970 年代算是發覺得很早了，當時對於自閉症的了解還沒有很深，社會大眾對於自閉症的了解也比不上現在。爸媽花了十幾年的時間在那裡尋思，到底聲美在小時候是哪裡出了錯，讓她變成自閉症。好比說，聲美是早產兒，於是爸媽認為，她可能是在新生兒時期受到粗魯的對待，而產生毛病，因為那時她的頭骨板還沒有完全密合。

很多自閉症孩童的父母都會責怪自己，或是覺得應該負起責任；這種感覺源自一種假設，認為這種疾病必定是環境成因所致。許多年來，精神病專家都把自閉症歸咎於感情冷漠的「冰箱媽媽」——這完全是誤解，但是卻很吻合父母親那種自責的感受。

一般說來，大家不太了解的疾病，通常都會給冠上是由環境引起的。另一個例子是潰瘍，長久以來，這種病都被想成是因為壓力造成的，但事實上是細菌引起的。

模仿，是同理心的基礎

社交技巧需要同理心，需要能體會他人的感受。同理心並不是我們生來就有的，而是一定得在兒童期發展出來的。心理學研究暗示，模仿是小孩學習察覺別人的肢體語言與臉部表情的一種方法。小小孩很喜歡模仿其他人，就好像在照鏡子似的，看到有人舉起右手，他們便舉起左手，而且他們也喜歡模仿動作的目標，而非動作本身。

神經科學家已經找到一些專門負責模仿的腦部回路，這些回路可能對同理心也很重要。研究人員在猴子的額下回、運動皮質（位於額葉後緣的帶狀區域）與頂葉皮質裡，找到這些所謂的**鏡像神經元**。當動物進行目標導向的動作時，例如抓取食物，或是看到另一隻動物做同樣動作時，這些神經元都會活躍起來。有一些鏡像神經元，只有在動物見到其他動物在做同樣的動作時，才會活躍；但是另外一些鏡像神經元，則是在別的動物以不同方法達到同樣的目標時，才變得活躍。

有的鏡像神經元甚至會被看不見的暗示動作所活化，例如當猴子聽到食物的包裝打開的聲音，或是看見一隻手伸到猴子已知放有食物的屏障後面，同樣的鏡像神經元也會活化。

此外，鏡像神經元似乎也能認出某個特定動作背後的意圖。例如，在食物被其他動物抓起來打算吃掉時，某個特定神經元可能會開始活化；但是如果食物被抓起來後是為了要收藏，那個神經元就不會活化。

腦部造影研究顯示，當人類在進行模仿時，額下回、運動皮

質與頂葉皮質也會活化。如果利用磁刺激來暫時阻礙額下回的功能，那個人的模仿能力將會受到干擾。對於頂葉皮質的鏡像神經元來說，一個很主要的輸入來自顳上溝，這個區域對於判斷他人的心理狀態非常重要。

就正常的 10 歲小孩來說，同理心測驗的分數愈高，鏡像神經元區域就愈活躍。這一點暗示了，同理心可能是靠著「想像自己位於他人的處境」來學會的。

自閉症患者身上所顯現的社交缺陷，可能與鏡像神經元系統的功能不彰有關係。當自閉症孩童受到要求去觀察或模仿別人的臉部表情時，他們腦中那些區域的活動，比一般正常的小孩少得

多。而且，那些區域活性減低的程度，又與自閉症的嚴重程度相關。

　　當然，這些發現並不能證明，鏡像神經元系統的缺失造成了自閉症，因為在這種情況下，也還有許多其他的腦部區域無法正常反應，包括專門辨識臉孔的腦域。

　　自閉症患者可能會有問題的另一個區域是腦島（位於顳葉與頂葉之間的側溝裡），這個部位在處理自身及他人的感情狀態時，都會活化（請參考第 16 章）。

　　這些想法都深具發展性，在未來的幾年將會吸引更多的研究，而那應該也會提供科學家更多線索，找出自閉症的成因。

　　我們並不確知是什麼原因造成了自閉症，但是我們現在已經知道，這是一種遺傳成分很強的腦部發育疾病。如果同卵雙胞胎當中，有一人患有自閉症，另一人也罹患自閉症的機會超過 50%，雖然一般說來，雙胞胎罹患自閉症的比率並沒有高出單胞胎。甚至連異卵雙胞胎，其中一個如果是自閉症，另一個也是自閉症的風險，比一般人高出 25 到 26 倍。而且自閉症患者的親戚也有比較高的風險，會產生與自閉症一樣的病徵，即使他們還不到稱為自閉症的程度。

　　然而，儘管自閉症有很強的遺傳成因，卻不是由單一的「自閉症基因」引起的。在幾種罕見的症候群裡，也有類似自閉症的症狀，其中有些症狀確實可以由某一個基因的突變所引發。但是在大部分的自閉症案例中，需要由多個基因的某種組合所引發，才會出現自閉症。

　　我們所以知道這個結果，是從異卵雙胞胎的情況推論出來的。異卵雙胞胎的基因，平均來說有一半是相同的，兩個人都診斷為自閉症的機率接近 10%。這一點告訴我們兩件事：首先，由於異卵雙胞胎及同卵雙胞胎所處的環境應該

是極類似的，因此可以說，環境對於自閉症的影響必定很微弱。第二，兩個異卵雙胞胎都罹患自閉症的機率，遠低於同卵雙胞胎，由此我們可以判斷，這是典型的多基因造成的遺傳性疾病。

在這裡舉個簡單的例子，來說明基因數目與罹病機率的關係。如果某人的自閉症是由於遺傳到 2 個不同的突變基因，A 基因與 B 基因所造成的，我們姑且說 A 基因來自媽媽，B 基因來自爸爸，那麼他的兄弟姊妹當中，一樣具有 A 基因與 B 基因的機率只有 1/4。如果造成疾病的基因數目更多，機率就會更低。以上這一類的分析讓科學家做出結論：自閉症是由 2 到 20 個基因突變所引起的。

不過，即使最後證明自閉症完全是由遺傳突變引起的，還是不能排除環境的可能影響。我們舉另外一種疾病苯酮尿症，做為基因與環境交互作用的絕佳案例。造成這種疾病的基因突變，會破壞某一種酵素的功能，使得這種酵素無法把苯丙胺酸轉化成另一種物質。當苯丙胺酸在體內累積過量，會破壞神經元，造成智能障礙，以及永久的行為缺陷。但是這種傷害可以藉由調整環境來預防，只要注意飲食，不攝取苯丙胺酸就可以了。

有一項具爭議性的論調說：自閉症的案例在最近 40 年來愈來愈多，這是某種環境因子造成的。乍看之下，似乎很有道理。這方面的數據看起來很搶眼，自從 1960 年代的第一批研究以來，自閉症的盛行率，也就是占總人口數的比率，已經增加了 15 倍之多。

自閉症的比率真的增加了嗎？如果檢查得再仔細一些會發現，從早期的研究到目前的研究，其中許多重要因子都已經改變了。

首先，現在的診斷標準不同。現在被診斷為自閉症的許多小孩，在 1980 年代都不會被診斷為自閉症，那時候自閉症的診斷才剛剛開始標準化。而且早年有很多自閉症患者會被送進療養院，或是給撇在一旁沒人理會，過著與社會隔絕的日子，這些人口完全反映不到數據上。

第二，父母與醫生現在對自閉症的了解都比較充分了，因此在觀察到孩童有發育問題時，也比較會想到這方面的可能性。

疫苗造成自閉症

過去這幾年來，疫苗可能與自閉症有關聯的想法，吸引了很多人注意。前美國總統甘迺迪的姪子，小羅伯・甘迺迪，也寫了一本關於這件事的書。共和黨眾議員柏頓，有一個自閉症孫子，他舉辦了好幾場國會聽證會，討論這個主題。科學家花了好幾百個小時，研讀了好幾千份病人的資料，來調查這個關聯，但是都沒有發現其中有因果關係。不過，疑慮一直存在。

這場風波始於 1998 年，是由某位英國腸胃科醫生的一項研究引起的。這篇論文報告了，12 名根據腸胃症狀而篩選出來的病患，其中 9 人符合自閉症的診斷標準。裡面 8 名孩童的父母都說，這些症狀剛出現的時間，大約就是在孩子接種麻疹、腮腺炎與德國痲疹混合疫苗的時候。雖然那篇論文也提到，這些行為與腸道症狀可能是碰巧同時出現，「反映了非轉診病人中的選樣偏差。」

這篇論文由 12 名腸胃專家共同掛名作者，後來有 10 人撤回論文裡的詮釋，他們宣稱，「我們想澄清，這篇論文裡並沒有證明麻疹、腮腺炎與德國痲疹三合一疫苗與自閉症具有因果關係，因為數據還不夠充分。」事實上，這項研究甚至連對照組都沒有做。其他科學家也沒有辦法重複做出那些腸胃專家所提出來的發現。

此外，大家日後才知道，這篇論文發表之前，第一作者曾經擔任某個律師團的顧問，而這個律師團當時正打算對疫苗製造廠商提出訴訟，但作者本人卻沒有主動透露他涉及這方面的利益衝突。

病童的父母會把疫苗與自閉症發作聯想在一起，也許是巧合，因為兩椿事件都差不多在同一個時期發生。兒童是在 12 個月

到 15 個月大的時候，接種三合一疫苗，而自閉症的症狀開始出現，通常是在 12 個月到 20 個月大的時候。

有一項研究，將倫敦某個行政區自 1979 年起的所有自閉症或是相關病症都找了出來。然而，自閉症孩童接種疫苗的比率，並沒有高過一般孩童。而且自閉症的診斷也沒有在接種過疫苗後，出現異常的攀升。同樣的，在瑞典有一項研究發現，「三合一疫苗的引進」和「診斷出自閉症的案例增加」並未出現相關性。

事實上，由美國國家醫學會、英國醫學研究委員會，以及實證醫學資料庫 Cochrane Library 所進行的多項獨立評論研究，都沒有在疫苗與自閉症之間，找到任何扎實的關聯。Cochrane Library 是國際性的科學協會，成立目的在於評估醫學文獻。他們注意到，關於這個主題的研究，大部分都有瑕疵，像是不可靠的成果評估，以及其他由調查人員偏見所造成的缺陷。

小羅伯‧甘迺迪最喜歡四處宣傳的假說是：自閉症的起因在於，美國某些疫苗於 2001 年以前所採用的防腐劑乙汞硫柳酸鈉裡的成分——乙基汞。這個想法的主要論據是，診斷出自閉症的案例在過去這幾十年間一直在增加。（我們在這一章的內文已分析過，這不見得表示自閉症患者人數在增加。）

但是在倫敦某行政區的那篇研究裡，當含有乙汞硫柳酸鈉的疫苗於 1988 年引進時，診斷出自閉症的案例並沒有突然躍升。乙汞硫柳酸鈉出現在美國疫苗裡，是在 1991 到 2001 年之間，但診斷出自閉症的比率增加的現象是在更早之前就開始了，而且在停用這種防腐劑之後，診斷出自閉症的比率也沒有降低。加拿大與丹麥是從 1995 年起，停止在疫苗中添加乙汞硫柳酸鈉，但是

在那之後，診斷出自閉症的比率也同樣沒有下降。

可悲的是，這項錯誤議題所引發的爭論還在持續之中，反而把可能大有斬獲的自閉症成因研究，所急需的資源給分散掉了。

第三，目前已經有一些比較好的治療選擇，使得父母有更大的動機送小孩去診斷，看看是否為自閉症。許多父母都有意願幫小孩尋求行為治療，雖說無法治癒，但還是有可能改善部分症狀。

當然啦，也沒有人敢打包票說，自閉症的盛行率並沒有增加。事實上，某些科學家相信，即使到現在，還是有一些自閉症沒有給診斷出來。我們敢肯定的是，過去這幾十年來的數據並沒有提供明確的證據，證明自閉症的盛行率有增加。

不論基因或環境對於造成自閉症的相對重要性為何，它們都是藉由影響腦部發育來運作的。大部分自閉症患者的腦袋，與普通人的腦袋相比，都看不出有什麼了不得的大差別，雖說有些自閉症患者的腦袋大得異常，而且基於某些未知原因，他們的小腦卻小得異常。這些腦袋大小上的差異，並不是一出生就有的，而是在出生頭兩年漸漸發展出來的，這暗示了，在這段正常情況下應該會進行腦部連結「修剪」的期間（我們在第 10 章討論過），可能出了差錯。

大部分自閉症患者的大腦皮質與其他區域，都有各種微妙但分布很廣的問題，包括神經元的數目與密度上的改變，以及神經元在集結為功能小組方面的失調。

目前只發現幾個基因是特別與自閉症相關的，如果造成這種疾病真的需要多基因的突變，那麼這些基因的交互作用肯定很複雜，遺傳學家可能永遠都沒法把這些關係全部找齊。

然而，即使只有部分答案，也有助於了解這種疾病的腦部機制。譬如說，自閉症與 neurexin 與 neuroligin 兩類基因有關聯，這些基因編碼所產生的兩類蛋白質會有交互作用，它們的功能是：在頭腦發育早期形成興奮型及抑制型突觸時，負責調控神經傳遞物質接受器的位置。

這個發現很有意思，因為約有 30% 的自閉症患者同時會罹患癲癇，反觀一般人罹患癲癇的比率只有 1%。癲癇是一種腦部容易興奮的疾病，由於興奮與抑制之間的平衡遭破壞，導致無法控制的興奮，造成身體的抽搐痙攣。不難想像，一旦 neurexin 與 neuroligin 基因受損，會破壞突觸的平衡，進而引起癲癇發作。同時也不難想像，像這樣的變化，會在控制語言或社交行為的腦部區域造成更微妙的功能缺陷，雖然目前還沒有人確知這是怎樣發生的。

有些科學家懷疑，自閉症患者腦袋與正常人的差異，全都起因於腦袋各區域之間在連結上的缺失。他們解釋說：由於額葉皮質與聯絡區之間的連結受損，進而影響到對於例行行為和感官很重要的腦部區域。（聯絡區位於頂葉及額葉皮質，負責協調許多不同類型資訊的運用。）

沒有這些連結，腦袋沒有辦法調節輸入的感覺，結果可能造成對環境刺激的過度反應，這種現象常見於許多自閉症患者。此外，聯絡區還能夠幫助我們對環境的反應保持彈性，包括壓抑個人的習慣行為，以配合某些特定情境，而這一點頗能解釋自閉症患者為什麼缺乏彈性，老是身體僵硬，一再重複同樣的行為。而且，許多聯絡區都與社交行為有關。

有一個問題是：為什麼造成自閉症的遺傳因子，能夠在人類族群裡頭傳遞下來？或許這些基因有可能提供某些益處，譬如說，自閉症患者比較容易在細節上頭勝出，這也許是因為缺乏來自額葉皮質的較高階控制。如果有一小群人，對於執行任務具有超強的專注力，或許對社會也是一件好事。

套一句知名自閉症患者天寶・葛蘭汀（Temple Grandin）的話：「如果自閉症基因完全從基因庫中消失，會發生什麼後果？以後恐怕就只有一群人在那裡閒聊、交際，但是什麼事都做不成。」

25

男人來自火星，女人來自金星
兩性天生就不同

男人和女人完全沒有差別。

跟你開玩笑的啦。如果我們必須緊抱著這個像口號的句子不放，這一章就沒戲唱了。

不過，有些性別差異的說法確實是被人過度誇大了，有些則完全是編造出來的。在這個世界上，多的是溫柔漢與男人婆，而且整體說來，男人與女人的聰明程度不相上下。但是，凡是養過小孩的人，大概都知道，男孩和女孩一生下來，兩耳之間所配備的大腦就有所不同。

當然囉，兩性的腦袋裡有一些重大的差別，能決定你到底是喜歡看男生或女生穿上緊身褲（請參考第 20 章）。但是，請你暫時不要想歪，我們現在要討論的是，當男人與女人下了床之後，在想法上還會有什麼不同。

我們都知道，激素能影響腦袋的運作，而性激素，像是睪固酮與雌性素，在男女兩性體內的含量是不一樣的。性激素在嬰兒出生前以及剛剛出生後，影響的效果特別大，而嬰兒的腦正是在這段時間形成的。

性激素也能直接影響成年人的腦袋。男人與女人的腦袋外形有差別，或許就是因為性激素的關係囉？不過，這些差別大部分都相當細微。女人腦袋的表面區域稍微多一些，而且區域之間的連結也比較多；至於男人的腦袋，則是體積稍微大一些。我們知道，男人的身軀比較大，腦體積應該也會跟著比較大，但即便把體型的影響考量進來，男人的腦體積還是稍大一些。

既然有這些差異存在，男人與女人可能表現出不同的行為，就沒什麼好驚

訝了。但是人類的行為不完全由生物本性來決定，同時也受到經驗與訓練的影響，也就是我們所謂的文化。

例如，大部分的小孩都想取悅自己最喜歡的大人。如果女孩子把衣服弄髒，就會受到爸媽的責罰，但男孩子卻可以隱隱察覺，爸媽看到他們這麼有男性氣概，其實心底才暗自高興著呢。那麼，我們就不能因此而論斷說：女孩子天生就對儀表超級講究。

很多青少年都相信，男人認為聰明的女人很缺乏魅力（還好我們大部分人沒傻到信以為真，感謝老天），而某些女校在鼓勵學生追求學業表現時，所展示出來的高效率，也證明了女孩子確實有可能調整自己的行為與能力，來符合社會上的刻板印象。

先入為主的想法，也會影響到大家對別人表現的評估。1970 年代左右，古典音樂領域開始熱烈辯論，女性的演奏能力是否比得上男性，畢竟當時頂尖交響樂團的團員幾乎清一色都是男性。後來，女性主義者說服美國交響樂團的指揮同意，在面談新團員時，讓前來應徵的音樂家躲在屏風後頭演奏，使得評審只能聞其音，卻不能見其人。結果十分驚人！他們覺得很棒的音樂家，女性也不在少數。

1990 年代起，美國頂尖的五大交響樂團，已有半數的團員都是女性。但在歐洲，這種看不見演奏者的預演很少見，交響樂團還是以男團員為主，而且許多音樂家到現在依然認為，女性無法演奏得像男性那般出色。

所以說，我們到底要怎樣區分生物性與文化對行為的影響呢？事實上，沒有辦法！我們無法將這兩項完全分開，因為環境也會塑造我們大腦的運作方式，但我們還是可以根據經驗與知識，來猜測一下。

譬如說，其他動物的雌性與雄性的行為差異，反映出來的很可能是生物學上的差異。以大鼠來說，牠們就沒有太多的文化。另外，人類的一些行為在許多不同文化中都是男性氣概的象徵，那麼這些行為就很可能具有生物學上的基礎；雖然這裡所說的生物學上的差異，可以是指男性比較強的肌力，而不一定得指他們的腦袋。

女人的心情比男人多變

我們無法否認女人的心情多變。但是大部分人不了解的是，男人的心情也很善變呢。事實上，男人的情緒在前 1 小時與後 1 小時的變動幅度，就跟女人一樣大。

我們怎麼會知道的呢？心理學家提供傳呼器給一些男人與女人，要求他們在傳呼器響起時，寫下來自己的心情。結果男人與女人的情緒變動情形極為相似。

有趣的是，男人與女人記憶裡的卻是「女人的情緒比較容易波動」，所以如果你事後要他們回想，自己以及伴侶在前幾星期的情緒波動情況，比較多的人都會指稱，女性的情緒波動大於男性。

不過，就情感疾患而言，包括憂鬱症與焦慮症在內，女性患者的人數確實約為男性的 2 倍。像這樣的分布差異，部分可能是因為女性在覺得不舒服時，比較願意去看心理醫生。但是即便把這個文化差異的因素納入考量，女性得到情感疾患的風險還是比較大。沒有人確定為什麼會這樣，不過根據某些人的猜測，女性的生命歷程可能讓她們更常接觸到壓力，而壓力與憂鬱症及焦慮症都有關聯（請參考第 17 章）。男人與女人罹患躁鬱症的機率倒是不相上下，而躁鬱症與基因有強烈的關聯。

了解這些之後，且讓我們來瞧一下，在人類身上，最像是兩性生物差異的有哪些。

男人與女人之間，最確實的差異是空間推理能力。這倒不是指男人比較不願意問路這件事，那大概是文化上的差異；這裡說的是，男性對於這個世界的

物質配置，想法通常與女性不同。

　　就連在大鼠的例子中，母鼠都比較依賴路標來找路，反觀公鼠則是根據腦中的空間地圖。譬如說，要大鼠牢記迷宮中通往獎賞的路徑，有兩個辦法：一個是注意迷宮牆上的區域特徵，另一個是注意房間牆上的遠方特徵。這時研究人員如果將迷宮轉個方向，讓它面對房間裡的另一面牆，如此將改變遠方的線索，結果並不會影響母鼠的表現，但是卻會讓公鼠走錯路。如果改變區域特徵，則對母鼠的影響大於公鼠。

　　同樣的，你如果聽到某人說：「往前走，經過左手邊一棟石造的教堂，過了幾個街角後，在旁邊有一顆大松樹的褐色屋子的地方右轉，」說這話的大概是一名女性。如果你聽到的是：「往南走 2.6 公里，然後往東再走 1 公里，」這話極可能出自男性。

　　這些差異延伸到一些更抽象的空間推理。譬如說，先看一張從某個角度拍攝的不熟悉物體的照片，然後再展示第二張照片，男性通常遠比女性更為快速且正確的看出，後者是不是從不同角度拍攝的相同物體。

　　我們現在知道，這種差異大概是激素的關係，理由只有一個：如果你幫女性注射睪固酮，她們在這項測驗的成績會突然變好。但是對大部分女性來說，這可能是一個餿主意——如果長期注射，她們會長出胸毛與鬍子。

　　兩性在心理旋轉任務方面的差異（請試試**智力測驗：你的心理有多像男人？**），也算是相當大，男性即使這方面的表現在同性中，只拿到中等的成績，都比 80% 的女性來得優秀。不過相較起來，雖然兩性在這方面的認知差異是已知差異中最大的，還是比不上兩性在身高方面的差異：在美國算是平均身高的男子，都會比 92% 的美國女子來得高。

　　可是，男人並非在空間推理所有項目的表現都優於女性。家中的女主人會曉得芥末醬流落到冰箱的哪個角落，可不是偶然的，而是另一項很確切的兩性差異。在記憶物體的空間位置方面，女性勝過男性，而且她們在這方面領先的幅度之大，就像男性在心理旋轉方面的領先幅度一樣。如果你不信的話，可以找朋友來試試看：把 10 或 20 樣東西排放在一個托盤上，給每個人 1 分鐘的時

你的心理有多像男人？

底下右方三種形狀當中，哪一個是左方標準形狀經過旋轉後的樣子？請儘速答題，找一個有秒針的手錶，記下你答題所需要的時間。（答案在最後面，但是不准作弊喔！）

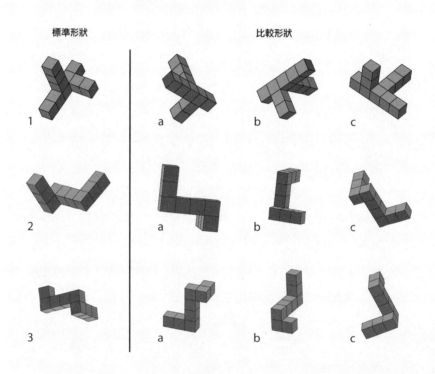

標準形狀　　　　　　　　　比較形狀

1　　　　　　a　　　　　　b　　　　　　c

2　　　　　　a　　　　　　b　　　　　　c

3　　　　　　a　　　　　　b　　　　　　c

這種測驗，證明了目前已知男人與女人腦袋最大差異中的一個項目：心理旋轉。我們認識一位神經科學教授，她原本是女生，但是她一直覺得自己像個男人，於是想要變性。身為科學家的她，報名參加了一項針對兩性差異的認知研究，研究的焦點擺

在物體的心理旋轉上頭，就像上圖的測驗。

這位教授在變性期間進行這項測驗，讓研究人員得到很難得的好處，因為他們可以把同一個人收錄進女性組（變性前）與男性組（變性後）當中，來對照研究。

在接受激素治療之前，我們這位朋友發覺這個測驗很難，覺得她必須在心裡慢慢的逐一旋轉右方的每一個形狀，才能看出它們是否符合標準形狀。但在接受睪固酮的注射之後，這種測驗變得愈來愈簡單。到了研究的尾聲，這位友人以男性身分接受測驗，正確的答案似乎一眼就看出來了。這是我們所聽過的有關兩性內心差異，最最清楚的說明。

答案：(1) b，(2) a，(3) c

間去注視它們，然後在他們沒看見的地方，重新排列這些物品，再請每個人寫下哪件東西的位置變動過。看看男生還是女生厲害！？

那麼，智能呢？男生或是女生比較高竿？2005 年，哈佛大學校長桑默思（Larry Summers）捅了一個大簍子，因為他公開宣稱男性的**數理能力**優於女性。他在 2006 年辭去校長職務，一般認為與這場風波有關。

平心而論，桑默思當時真正的說法其實是「在標準的數學測驗中，得到極高分數的男性多於女性」。但如果只看某人的數學成績，絕對無法判斷此人是男性還是女性，因為兩性在這方面能力分布的重疊人數極多。確實，在數學測驗拿高分的族群中，男性人數遠遠超過女性；但是男生別高興得太早，拿低分的族群中，男性人數也遠多過女性。

男性之間的差異，大於女性

數學高手中，男生比女生多，這是事實。可是大家卻忽略了：數學很爛的人，也是男生較多。其實在許多心理能力測驗中，男生成績的變異程度都比女生大，大好與大壞的人數都比較多。換句話說，男生中，有較多的人表現偏離平均值，趨向正負極端值。不過，這種性別差異非常小，與大部分的其他性別差異一樣，它引起我們的注意，只因為與眾不同、異於常人的人，總是令人矚目的。

對於這種性別差異，有一個理由可能可以解釋它為何會受天擇青睞，那就是，在生殖這件事上，女性扮演比較重要的角色。

族群中如果有些男性出外、遇害，或是沒能傳宗接代，不會影響新生兒的總數。因為剩下的男性足以應付播種的需求。可是，女性的數量若減少，新生兒的數量大概就會跟著減少。因為哺乳動物中，雌性的身體是生殖最重要的生財配備。換言之，拉大男性彼此差異的基因變化（突變），更可能保留在族群中，因為那些基因更可能遺傳給下一世代。

| 譯注 |　這個解釋有強烈的「群體選擇」（group selection）的味道。「為了群體利益」而演化出的生物形質，通常都可以用「基因的利益」，或對於個體生存或生殖的利益解釋。例如「自利基因」（the selfish gene）理論的精義，在於解釋合作之必要。

以下是從「自利基因」觀點，對男性之間較大的差異性所做的解釋：

人類是哺乳動物，女性的身體是生殖最重要的生財配備，而且生殖潛力有限，彼此在生殖成就上的差異並不大。但是，男人的生殖成就與交配對象的數量成正比。女性因而成為男性激烈競爭的對象。於是使男性「異於常人」的基因突變，比較可能受天擇青睞。男性標新立異，生殖報酬可能非常高。只是標新立異無異行險僥倖，本質是高風險、高報酬，不成功、便成仁，難怪男人的天才與白痴都不少。

兩性在數學方面的不平衡，可能是一項生物上的差異，與男性在抽象空間推理能力上的優勢有關，但也可能是因為我們的文化不斷告訴女生「妳們數學不夠好」的結果。譬如說，要求女生在數學測驗之前先填寫性別，就足以讓她們的成績變差；又或是只要叫她們在考前先想一想成就傑出的女性，就可以提升她們的成績。（請千萬要試一試這招！）

此外，拿考試成績來預測未來的學術表現，也不太準確。事實上，男生在大學數學課裡的表現，通常比不上他們的測驗成績，反觀女生通常表現較好。所以啦，兩性在數學拿高分上的差異，到底是與男女的腦袋有關，還是與他們所受的文化有關，目前還不能下定論。

如果我們要繼續聊聊「政治不正確」的話題，那就來看看，另外一個男性遠超過女性的地方是監獄。男人遠較女人更容易做出暴力行為。這可能意味著，男人的大腦在生物性上比較有攻擊傾向，又或者這只是代表男人比較高大、比較強壯，所以比較容易採取暴力行為，因為對他們來說很有效。

男孩子身上的攻擊性，比較受到社會容許，但這不會是所有的原因。因為許多現代父母發現，即使他們已經盡量用同樣的方式撫養兒子與女兒，男孩

子還是比女孩子更傾向動用暴力，這令父母很不安。從動物實驗，也可以觀察到，年輕公猴與母猴相比，公猴玩的遊戲比較粗野，甚至喜歡拿玩具卡車去碾過洋娃娃。

雖說攻擊性的強弱，在人類世界的各種文化裡差別很大，但是在絕大多數的族群裡，男人都比女人更具攻擊性。根據這項證據，我們能做出的最佳猜測是，男人比較有暴力傾向，既是由生物性、也是由文化差異造成的。

關於男人與女人的差異，已經辯論了幾個世紀，所以我們並不指望現在就能敲定答案。正如喜劇作家歐本（Robert Orben）曾經說過的：「兩性戰爭是不會有贏家的，因為敵對雙方交往得太過頻繁了。」

06
大腦七十二變

26
我有自由意志嗎?
你有看沒有到,大腦都感覺到

對於腦部如何運作的哲學有興趣的人,都會覺得自由意志這個觀念呈現了一個很明顯的矛盾。從某方面來說,你每天的經驗,例如欲望、思想、情感和反應,全都是由你腦袋的生理活動所產生的。然而,你腦袋裡的神經元與膠細胞所製造出來的這些化學變化,導致電脈衝以及細胞與細胞之間的溝通,卻也是事實。而其中所暗示的含意是:物理及化學定律主宰了你所有的思想與行動。這個主張,身為科學家,我們舉雙手贊成。然而,我們還是日復一日的做決策,對周遭環境做回應。這些自由意志打哪兒來的?又該怎麼用神經科學來解釋呢?

不可否認,腦部損傷能夠導致行為的改變。19 世紀時,有一名鐵路工人蓋奇,原本是個勤勞、負責任的人,直到發生炸藥管爆炸意外,被鐵棒從下顎刺穿頭頂。神奇的是,他沒有死。但是從此之後,他變成了一無是處的懶骨頭。蓋奇的遭遇正是「我們的腦袋決定我們是怎樣的人」最典型的證明。

自由意志這個觀念,是用來描述整個人的作為。如果某物體的行為可以用數學精準的預測出來,那麼這個物體就沒有自由意志。因此,單純的物體,像是原子與粒子,便不具有自由意志。根據某一種觀點,如果我們能知道每個細胞裡發生的事,那麼我們腦袋所輸出的訊息將是能夠預測的,那我們也談不上具有自由意志了。

然而,另一個更有用的詮釋為:當我們想要預測某個複雜系統(譬如氣象、股票市場)會做出什麼時,我們的直覺就是辦不到。從來沒有科學家做出完整的電腦模擬系統,有辦法模擬單單一個神經元在生化及電流方面的所有作

為──更別提真正的腦袋所具有的幾千億個神經元了。想把整個腦袋將要做的細節都預測出來，基本上是不可能的。

但是從實際觀點來看，「幾千億個神經元的協調運作」就是有關自由以及自由意志的功能性定義了。有好長一段期間，神經科學家都不願意探討像是自由意志、意識的問題，因為他們大都覺得自由意志和意識太神祕了，難以定義，不可能藉由記錄腦部活動來研究。但是後來發現，意識經驗的某些面向，還是可以用實驗來呈現。

要研究個人的主觀經驗是很困難的，雖然那是在校園裡深夜高談闊論的好題材。到底是什麼樣的腦部活動，能創造出我感覺中的（以及我認為你也能感覺到的）「寒冷」或「藍色」？這道看似簡單的問題，卻把科學家給難倒了，部

 你知道嗎：

達賴喇嘛給神經科學家的「開」示

2005 年，達賴喇嘛在神經科學學會的年會上發表演説。達賴喇嘛與我們在「大腦對道德行為的影響」方面，看法一致。

聲宏利用機會請教這位聖人，如果有朝一日，神經科學有辦法藉由人為方式，例如藥物或手術，讓人達到開悟的境界，他是否贊成這種療法。他的回答令我們大吃一驚。

達賴喇嘛説，如果有這樣的療法，將可以省去他許多冥想的時間，讓他從事更多的善行。他甚至指著自己的腦袋説，如果切掉部分腦袋可以移除壞念頭，他希望「能把它切掉！把它切掉！」

他那樸拙的英文，以及沉痛的手勢，令人難忘。如果這種想法不是出自一名穿著僧袍的聖人，將會令人不安。

然而，達賴喇嘛後來又講：唯有在「保持個人完整的重要機能」的先決條件下，這種治療才是可以接受的。聽到這句話，我們都鬆了一口氣，因為這麼一來，前額葉切除術將給排除在外。

前額葉切除術是一種神經外科手術，由 1949 年諾貝爾生理醫學獎得主莫尼茲（Egas Moniz）發明，在 20 世紀中葉，再由美國精神病專家富利曼（Walter Freeman）大力推廣。這種手術把病人的前額葉與腦袋其他部分的聯繫切斷，是一種非常激烈的療法。後來在精神病院非常流行，給當成控制麻煩病人的好辦法。

前額葉切除術確實可以消除病人的暴力行為和反社會衝動，但在同時，與心智一同存在的其他功能也會一併消除，像是目標導向行為的計畫能力、動機以及複雜的推理能力等。謝謝老天，前額葉切除術幾乎已經不再給當成是一種外科療法了。

分原因在於，它是以無法量化的經驗來定義這個問題，而研究心靈的哲學家稱這種經驗為感質，也就是感覺到的特質。

套用發現其他現象（例如視覺）腦部結構的原理，如果可以找到只與意識感知到的刺激有關的腦部活動模式，那應該就是意識所留下的記號了。如果科學家能夠把「只有在你注意到某刺激時」所發生的活動給定義出來，那麼他們就能合理的宣稱，那是與意識覺察有關的腦部活動。

在某個實驗裡，科學家以很快的速度，交替展示兩組圖片給受測者看，並且要求受測者找出第一組圖片上的特徵。於是這些受測者非常專心的觀察第一組圖片，但後來詢問他們第二組圖片上有什麼特徵，他們卻很難回答出來，這種現象稱為注意盲。

不論受測者是否可以說出第二組刺激的特徵，他們腦袋裡的某些區域時時刻刻都很活躍。這些區域包括主視覺皮質在內，它是視覺資訊進入大腦皮質的第一站。然而有一些區域，卻只有在受試者說他們看到第二組刺激時，才會活化。

這項實驗顯示，在不進入意識覺察的情況下，視覺刺激能夠活化的腦部區域，多得令人吃驚。這一點暗示了，意識覺察就像一盞聚光燈，能聚焦在特定的刺激上，而忽略其他刺激。

即使意識覺察只涵蓋一部分的輸入刺激，但還是有更多資訊供你的腦部取用。醫學上有一種病症，稱為盲視，有這種問題的人雖然眼睛正常，但他們卻說沒有辦法看到局部視野裡的東西，有時甚至看不到全部視野裡的東西。實際上來說，他們可以說是某種程度的盲人。然而，當科學家問他們，在視盲區域的光源來自哪個方向？他們卻通常可以把方位指得很正確，雖然他們自認為是猜到的。怎麼會這樣呢？

罹患視盲的人，他們的主視覺皮質沒有正常功能，而視覺資訊一定得透過主視覺皮質，才能傳送到其餘的大腦皮質。也因為這項損傷，他們無法有意識的感知到視覺資訊。然而，感官資訊還是能抵達腦部的其他地方。

是我犯了罪？還是腦袋唆使我犯罪的？

　　有一名小學老師就是沒辦法不覬覦他的護士。這名原本聰明而且還算講理的男士，忽然表現出一些奇怪的行為，開始蒐集色情圖片。他在性侵自己的繼女後，終於遭到逮捕。雖然他知道做這些事情是不對的，但就是停不下來。他對醫生說，很害怕自己會強暴女房東。此外，他的頭常常痛得要命。

　　經過腦部掃描，發現有一顆大腫瘤壓迫到他的前腦，位置就在額葉眼眶面皮質附近，那個部位與調節社會行為有關。開刀切除腫瘤後，他的反社會傾向解除了，他對色情圖片失去胃口。同時，其他一些惱人的症狀也一併消失，像是尿在自己身上等等。

　　雖說大部分社會病態的案例，並不像本案這樣明確的與腦部損傷有關，但是這名教師的個案還是說明了，犯罪行為有可能與特殊的腦部缺陷有關。

　　最早試圖把身體結構與行為連在一起的，是 19 世紀的犯罪學家隆布梭（Cesare Lombroso），但是他失敗了，因為他把焦點放在一些如今已經沒有人相信的測量上，像是頭顱形狀等等。不過在他之後，控制良好的研究顯示，暴力罪犯有相當高的比例，曾經在童年或青少年時期受過頭部創傷，尤其是額頭。再加上腦部造影技術的進步，要找出一些案例，顯示重大腦部傷害或損壞能夠影響行為，不再是不可能的事了。

　　也因為現在有辦法把犯行與腦部結構連在一起，法庭上便出現了新的辯護理由，指稱遭起訴的罪犯不需要為自己的行為負

責。就道德層面來說，這種說法毫無道理 —— 我們就是我們的腦，怎麼能宣稱被自己的腦欺騙或是虐待了呢？

但是就人道層面來說，把一個腦部前額葉結構還沒發育齊全的 15 歲青少年關進監獄裡，難道是最有效的懲罰嗎？修復罪犯的腦袋，難道不比刑罰更令人滿意？（但是修理有缺陷的腦袋，在道德上的難度尤其高，因為那會牽涉到改變某個人的本質。或許，我們可以借用達賴喇嘛所提出的標準：保持個人完整的重要機能。）

現今的法律，已經有一個部分是針對「心智能力不足以了解自身行為道德後果」的人，做出了修正。例如，美國最高法院在 2002 年判定，將智障人士處死是不人道的。

神經科學還引發了一項法律技術上的新議題，那就是：人的心智狀態是可以改變的，譬如說，用外科手術來移除一枚腫瘤。在這些情況下，被判刑的人與原先犯罪的人，本質可能已經不一樣了。而且根據刑法，預先籌劃犯罪的人，犯下的是預謀罪，受到的刑罰會比臨時起意的罪犯來得嚴厲。或許在未來，腦部損傷的人也可以像臨時起意的罪犯，接受合適但稍輕的刑罰，以及他們所需要的治療。

像這類「神經法律學」的問題，可以讓我們從嶄新的角度來看待古老的道德行為問題。套一句認知神經科學家柯恩（Jonathan Cohen）與格林（Joshua Greene）的話，「如果神經科學能改變〔道德上的〕直覺，那麼神經科學就能改變法律。」

你或許還記得第 3 章提過，視覺資訊是從視網膜到視丘，然後傳送到皮質。而且視網膜也直接與上丘相連，上丘是幾乎存在於所有脊椎動物體內的腦部結構。在這個較古老的腦部區域，視覺沒有辦法用意識來感知，但仍然能夠導引某些動作，例如指示方向或是轉動眼球。

我們有辦法獲得、但卻無法意識到的那些資訊，可能相當複雜。愛荷華大學的科學家找到一個方法，來測量只是「預感」與真正「確認」這兩者間的差距。科學家要求受試者玩一場假的賭博牌戲，玩法是受試者有權選擇任何一副牌，裡面的每一張牌上都會有指示，要增加或減少他們的資金。

但是參與者不知道，某副牌對他們不利，這些牌能讓他們大贏，但是輸得更多，結果是淨虧；但其他幾副牌雖然只讓他們小贏，但是輸得更小，結果是淨賺。經過一再輸錢之後，受試者開始選擇對自己比較有利的那幾副牌，但是卻沒辦法說出為什麼要在多玩幾輪之後才這樣做。

 你知道嗎：

腦部掃描能夠讀出你的心思？

任何時刻，你的腦中都有數以百萬計的神經元，在忙著產生電脈衝。腦袋裡的活動模式超級複雜，當前沒有一項科技有辦法同時讀取所有這些神經元。就算能夠把它們記錄下來，要將這些數值轉換、詮釋成特定思想，目前還屬於科幻小說的範疇，而且可能永遠都無法實現。

但在另一方面，簡單一點的技術還是有可能實現的。譬如說，利用功能腦部造影技術，可以從杏仁體愈來愈強的活動中，觀察到強烈的感情反應（請參考第 16 章）。

科學家甚至可以藉由腦部活動模式，判斷出在兩幅影像中，哪一個是受試者意識上所注意到的。實驗是這樣進行的：把一張圖片放給左眼看，另一張放給右眼看，使得受試者的意識感知必須在這兩張圖片之間來回轉換。而研究人員就可以因此分辨出「受試者覺察到右眼刺激」的活動模式，與「受試者覺察到左眼刺激」的活動模式。利用這種方法，他們就能預測出意識上所經驗到的刺激。只不過，科學家之前必須先觀察好幾百次受試者的影像測試反應，然後才可能辦到。

至於想要設計能測謊的腦部掃描儀器，也會碰到同樣的問題，因為這需要先在某個人說真話或說謊話時，幫他的腦部活動定出刻度。因此受試者必須說各種程度的真話與謊話。想要找到這樣的人，願意配合你進行實驗，而他幫助你的後果可能是以後下獄，這未免太困難了點。

所以啦，你如果擔憂自己的心思會被別人窺探，現在應該可以放心了。縱使技術上有可能辦到，但是這需要你一動也不動的躺在一台價值數百萬美元的掃描器裡連續幾分鐘，而且還需要知道你是用左眼或右眼來注意東西，才能完成窺探。換句話說，你不需要頭戴錫箔紙來讓自己不被掃描到，你只需要板著一張撲克臉，就可以對付它了。

在輸牌之後的早期反應，有一些可以在腦部的額葉眼眶面皮質觀察到，我們在第 16 章介紹過這個部位，大約位在眼框上方。這個部位受損的病患，在這樣的牌戲中，表現始終無法改善，他們甚至沒有因為輸牌而緊張，不會出現像是冒汗之類的反應。

證據暗示，額葉眼眶面皮質能夠在我們意識到有問題之前，先偵測到壞事。因此這個部位的資訊處理流程，可能與「感覺事情不對勁」這種經驗有關係。

像這樣沒有意識到的覺察，甚至也包括了我們自己的行動。1980 年代，加州一個研究小組要求受試者自己選一個時間，敲打自己的手指頭，而且要看時鐘記下他們選擇的時間。結果，負責觸發動作的腦部區域，是在任何動作出現之前的 0.5 秒鐘，開始產生活動的。然而，受試者卻在腦部活動之後的 0.1 秒鐘，才覺察到自己的決定，只比敲打手指早一點點。

這項發現牴觸到我們平日所說的自由意志。意識上決定要採取行動，也就是我們所認為的行使自由意志，只有在腦部已經開始醞釀動作之後才出現。至於在動作之前就發生的意識覺察，只出現在受試者被要求停止某項「腦部其他區域已經啟動」的動作時。就某方面來說，這不能算是自由行使的意志，只能算是一種否決權——自由不行使的意志。

這種意識覺察，是不是由腦部對於動作的預備活動所引起的？很有可能。然而，我們對於動作的覺察，有時候可能是在決策已經下達之後。最後得到的淨效果是，雖然是我們的腦袋指揮了我們的動作，但部分的決策過程卻是在我們能夠報告出來之前，就已經完成了。就這個層面來說，我們全都是行動派，而非空談者。

27

睡得好，記得牢
人生入夢，往事不成空

為什麼睡眠這麼重要，沒人知道確實的答案。

幾乎所有動物都會睡覺，包括昆蟲、甲殼類以及軟體動物，而且睡眠如果被剝奪，有可能喪命。大部分的睡眠理論都主張，睡眠對腦袋很重要。隨著動物出現多樣性，牠們的腦袋變得更為繁複，睡眠也變得更為複雜，從單一階段變成好幾個階段。

對於許多動物來說，睡眠能讓心臟、肌肉與腦部的活動量減低，但是仍然保持在一定程度，如果睡覺時遭戳弄，還是可以醒過來。大部分動物都在夜間睡覺，這樣很合理，因為黑暗中無法看見東西，也不會被看見。睡眠讓動物能夠保存精力，留到溫暖又明亮的時刻來活動。

不論睡眠的正面功能是什麼，對於那些完全不需要睡眠的動物來說，牠們也自有某種優勢。少數從不睡覺的動物，大部分是必須一直游動才能生存的魚類，例如正鰹和某些鯊魚，這些魚只有在水流以高速流過牠們的鰓時，才能獲得足夠的氧氣。

海豚也遇到類似的問題，牠們是呼吸空氣的哺乳動物，需要經常浮出水面。因此牠們採用的方法是：一次只容許半個腦袋睡覺，以便繼續游泳。

其他一些不睡覺的動物，包括穴居的魚類，還有幾種非常靜態的蛙類，對於這些蛙類來說，或許比較合理的問題是：牠們到底有沒有真正清醒過？

在低等脊椎動物，睡眠是由一段連續的腦部低活動週期所組成的。爬蟲類睡眠時的腦電圖紀錄，會顯示出一段以棘波方式呈現的緩慢週期，暗示在那段

很興奮的時候，也可能突然睡著

猝睡症患者隨時都有莫名其妙就睡倒的危險，不只可能在靜止狀態發作，在興奮時刻也可能發作。

科學家曾經利用史丹福大學飼養的猝睡症實驗狗群，來研究這種疾病。這些小狗可以很正常的和人玩耍，直到玩得太瘋，那時牠們就會身子一倒，馬上睡著。不論是人或動物的猝睡症患者，都缺少某種特定的神經傳遞胜肽——進食素。進食素能作用在下視丘的接受器上，而下視丘是調節睡眠、攻擊性、性行為以及其他核心活動的指揮中心。

但是目前還沒能把進食素運用到猝睡症的療法上。現今這種病的療法，大部分是藉由影響單胺的作用，來刺激神經系統，這些單胺包括安非他命與甲基安非他命。但是，使用這類藥物可能會造成像是暈眩之類的副作用；以安非他命及甲基安非他命來說，還可能造成藥物成癮的副作用。安非他命的劑量如果低於能活化運動系統的劑量，還是可以促進清醒，這一點暗示了，我們有可能將安非他命的提神效果與其他副作用分開。

有一種藥物似乎能讓人清醒、又不會影響到運動功能，那就是普衛醒，這是目前很受歡迎的猝睡症治療藥物。普衛醒和安非他命不論是對一般人或是猝睡症患者，都具有提神效果；但是對於缺乏某種能把多巴胺轉運出突觸的分子的小鼠，卻毫無喚醒功效。這項發現提醒我們，提神與腦袋裡的多巴胺信號系統關係密切。

普衛醒還有另一項功用，它的提神效果可以減低值長班人員的風險。美國空軍的一項研究中，普衛醒在強化 40 小時值班的表現上頭，效果幾乎和右旋安非他命一樣好。飛行員在模擬飛行時，警覺性、自信心以及技術表現都變得更強。如果普衛醒真的不會讓人上癮，那麼未來不只是猝睡症患者歡迎它，需要長時間值班的人也是一樣。

時間當中，許多神經元都是處於同步活動的狀態。這些緩慢的棘波讓人聯想起慢波睡眠，那是人類睡得最沈的階段。

當鳥類和哺乳動物在演化舞台出場之後，緊接著登場的是新型態的睡眠：快速動眼睡眠。這是根據眼球運動的速度（你只要觀察一個正在睡覺的人，就可以見識到眼球的快速運動），以及大腦皮質活動的電訊號來定義的。由於快速動眼睡眠的活動棘波，品質很類似清醒狀態的活動棘波，因此這種睡眠又稱為弔詭睡眠，因為在快速動眼睡眠期的大腦活動並不像在睡覺。

在人類以及其他哺乳動物，幾乎所有的夢都發生在快速動眼睡眠階段，尤其是那些活靈活現的夢。狗、貓和馬在睡夢中都會發出聲響，並做出不安的動作。不過，作夢者無法做出真正的動作，因為由大腦皮質所下達的產生動作指令，被腦幹裡的一個抑制中樞給阻斷了，那個抑制中樞在動物入睡後就會活化。

來自大腦皮質的抑制，能阻止我們做出夢中的動作，這或許可以解釋許多人所說的，作夢的時候有癱瘓的感覺，尤其是在噩夢裡。專家認為，皮質抑制的功能如果不彰，有可能是造成夢遊的原因，此外也認為這有可能讓小孩尿床。這種抑制中樞能夠用外科手術切除，動過這種手術的貓咪，在快速動眼睡眠階段會弓起背來，做出戰鬥的姿勢，這也代表打鬥場面是貓咪夢中的常客。

快速動眼睡眠和作夢到底有沒有生物性功能，目前還在熱烈激辯中。睡眠的各項功能中，強化記憶可能是其中之一。長期記憶似乎要經過數星期乃至數個月的轉換過程，因為我們對事實、事件以及經驗的記憶，必須從一個原始的儲存地點，逐步搬移到大腦皮質的海馬。在這同時，特殊的情節記憶會給納

為什麼打呵欠會傳染？

雖然我們一直把打呵欠和想睡覺及無聊聯想在一起，但是打呵欠的功能顯然是要讓我們更清醒。打呵欠可以擴張咽喉，讓大量空氣進入肺部，於是氧氣便進入血流，增加警覺性。科學家發現，許多脊椎動物都會打呵欠，包括幾乎所有的哺乳動物，或許鳥類也在內，甚至才 12 個月大的人類胚胎，也有人觀察到會打呵欠。

呵欠發生在我們從清醒到睡覺的過渡期間。在非人類的靈長動物，打呵欠也與緊張情境以及潛在的威脅有關。就功能來説，打呵欠可以想成是你的身體為因應情勢需要，企圖達到完全警覺的程度。

打呵欠是會傳染的，任何人凡是教過一屋子深感無聊的學生，都知道這一點。呵欠傳染的理由目前還不知道，也許好處在於可讓動物彼此迅速轉達「需要警醒」的訊息。看一捲打呵欠的錄影帶，也同樣能增加黑猩猩和猴子的打呵欠頻率。

還有一項可能是：我們認出呵欠這個動作，而呵欠會提醒我們去執行這個動作，於是我們就打起呵欠了。看見別人打呵欠，可以在某個皮質區域引發活動，而那個區域是由其他視覺刺激及

社交線索所活化的。然而，在你或其他人做同樣動作時會發出信號的鏡像神經元（請參考第 24 章），似乎與此無關，因為當人打呵欠時，腦部功能造影中的鏡像神經元區域並未發亮。

打呵欠在非靈長類的哺乳動物群裡是不會傳染的。然而，辨認打呵欠的能力似乎很普遍：狗兒用打呵欠來回應緊張情勢，科學家認為牠們也藉著打呵欠來安撫其他的狗兒。有時候，你也可以用打呵欠來安撫你的狗狗。

打呵欠的能力埋藏在腦袋的核心，也就是腦幹裡面。有些因為橋腦長瘤而四肢癱瘓的病人，因為腫瘤阻斷了皮質運動指令的傳輸，所以沒有辦法張開嘴巴，但還是可以不自主的打呵欠。這些病人的腦中，唯一有辦法引發呵欠的區域，是一群位於中腦的神經元，它們負責將運動指令由腦袋轉送到顏面肌肉。有些研究人員相信，打呵欠可能就始於這些神經元。

打呵欠甚至不需要意識覺察，昏迷中的植物人，一樣會打呵欠。最怪的是，打呵欠的機制雖然深藏在腦幹裡，但是信號卻可以出其不意的從某個區域洩漏到另一個區域。譬如說，百憂解對某些婦女有一個怪異的副作用，她們打呵欠會引發陰蒂充血及性高潮，這個意外的連結，使得少數幸運兒能讓無聊的情境變得妙趣橫生。

看見、聽見、甚至想到或讀到打呵欠這件事，都足以令我們跟著呵欠連連。當你讀到這裡時，恐怕已經在努力壓抑你的呵欠了吧？（沒關係，我們不介意。）就像我現在，邊寫邊想打呵欠。

雖然我們已大致描述了呵欠為什麼會傳染——分享警覺信號而獲益；但是我們並不確知，腦袋到底怎樣散播這種傳染行為。

入，成為更一般性的知識，叫做語意型記憶。語意型記憶就是：你記得事實，但卻不知道自己是怎麼學到的。

白天的經驗幾乎從來不會出現在當晚的睡夢中，而是納入幾天或更久之後的夢裡。當睡眠遭到打斷，某些種類的記憶會比較慢被強化。許多研究都指出，就強化記憶來說，最關鍵的睡眠階段是慢波睡眠或是快速動眼睡眠；不論剝奪這兩個階段中的哪一個，都能對記憶的強化造成某些影響；不過大部分的證據及研究，還是指向快速動眼睡眠階段最為關鍵。

研究睡眠與記憶之間的關聯很困難，原因之一是，剝奪睡眠會傷害到腦部與身體。剝奪睡眠能引發腎上腺分泌皮質醇，引發壓力反應。剝奪睡眠大約 4

個星期，就可以讓大鼠喪命，大約 2 星期可以害死果蠅。

　　至於人類，最長的連續不眠時間紀錄為 11 天。這個成績登錄在《金氏世界紀錄》書中，而且應該不會再刷新了，因為基於健康風險，金氏紀錄已經將這個項目給終止了。人類只要幾天不睡覺，就會開始出現幻覺。在這種緊張的狀態下，會釋出皮質醇之類的激素，而目前已知這些壓力激素會損害到學習的過程。

　　不過，剝奪睡眠對於記憶的負面影響，並不能完全用壓力激素來解釋，因為對於那些割除了腎上腺的動物，即使不能釋出壓力激素，剝奪睡眠還是能阻撓牠們的記憶強化過程。

　　為什麼睡眠對於記憶強化如此重要？其中一個可能性在於，神經元之間連結強度的變化，也就是突觸可塑性，是由神經活動所主導的，而動物不論是清醒或睡眠的狀態，神經元活動都能進行。如果某段情節記憶的神經活動在睡眠中又重新演練過，這可能會幫助強化記憶。

　　事實上，某些清醒時刻的神經元活動，在睡覺時會以精準的時間長度來重播，準確度達到 0.001 秒。你知道哪一項活動需要神經元「點火」的順序完全精準嗎？那就是發出聲音，例如人在演說、或鳥兒鳴唱。

　　當某隻鳥引頸高歌時，牠腦袋中會有一些特定的神經元以某種順序來點火，而這個順序與鳥鳴的聲音順序關係密切。這些神經元能夠精準控制鳥兒發聲器官的肌肉鬆緊變化，因此每次都能製造出同樣的歌曲。研究人員在鳥兒入睡時監測這些神經元，發現同樣的模式會在睡眠中產生。換成另一種說法，這些鳥兒似乎夢到自己在唱歌。

　　此外，非快速動眼睡眠可能也參與了重播清醒時的經驗。當大鼠在迷宮中奔跑時，牠海馬裡所謂的位置細胞，點火順序會與大鼠行經地點的順序有關。等到大鼠睡覺時，同樣的位置細胞會以同樣的順序點火。這個重播發生在大鼠的慢波睡眠階段，而人類在這個睡眠階段是很少作夢的。這些重播的片段長度通常為幾秒鐘，暗示了大鼠夢中重播的是走迷宮的部分時刻，而不一定得全程重播。

腦袋不同部位的突觸可塑性，自有不同的守則，這些差異可能也與睡眠階段有關。譬如說在海馬，這裡是空間記憶與情節記憶最初形成的位置，突觸強度的變化需要 θ 節律——這是一種每秒鐘約 8 個棘波的模式，只有發生在清醒的動物執行探索行為的時候（像是走路），以及快速動眼階段。基於這個原因，科學家便把記憶的強化與快速動眼睡眠給連在一起。

「睡眠對於重新強化與重新分配記憶很重要」這個觀念，提供了一個不同於佛洛伊德的析夢觀點，佛洛伊德認為夢境是在表達潛意識的欲望，夢的內容通常是作夢者平日憂心的事物，再加上一些看似例行或無意義的事件。這類很通俗的心理分析說法，完全沒有實驗上的證據，但卻好像已經根深柢固在大眾心目中。

由於夢具有一連串的思緒和某種程度的情節，顯示你的大腦皮質有能力根據手邊現有的資料，編出一個還算連貫的故事，雖然這也可能像我們在第 1 章所說的，只是在反映腦袋裡的「詮釋者」的行動。

就這方面來說，夢可能是一個管道，可以隨機選取我們腦袋裡的資料。當我們談起自己的夢時，都習慣把焦點擺在能連貫起來的內容上，像是：光著身子在教室中醒來、駕駛一艘船、滾動一塊大石頭等等。但是，如果夢中隨機取樣的，其實只是一些基本特徵呢？如果我們睡覺時，隨機選取腦袋中的內容，只是為了把記憶換存到另一個更永久的部位呢？重新取樣甚至可能是用來清除錯誤的記憶？

腦袋為了要記憶我們的生平事件，採用了一些機制，而怪夢可能正是這些機制的代價，或是意外收穫呢。

28
他們有堅定的信仰
信徒、書迷、無神論者

宗教如何根植在我們的生物本性裡？最近這個話題很熱門，許多書都在討論這個話題，尤其是無神論者，他們認為信仰是不理性的。最有代表性的例子是生物學家兼議題引爆專家道金斯（Richard Dawkins）所寫的《神只是幻覺》，以及哲學家丹尼特（Daniel Dennett）所寫的《破除迷咒》。

我們對於宗教神經科學的知識還少得可憐，生物學家現在就把話說死，似乎嫌早了一點。

人類學家對於宗教倒是有比較正面的觀點，認為它是早期促進群體凝聚力的強大工具，對於宗教本身和信眾，可能都可以提供生存優勢。我們可別忘了，組織化的宗教是很了不起的，是有史以來最成熟的文化現象之一。

想想看大部分宗教的基本要素：信眾對於肉眼看不見的超自然力量，有一套繁複的認知。我們祈求這股力量能減輕傷害、能帶來公平正義，或是提供道德架構。此外，我們還與其他人類同胞創造出共識：相信這股力量會幫我們全體設立一套相同標準的道德觀、社會規範以及宗教儀典。這真是一樁繁複的大事業，在萬物之中，只有人類獨具。

神經科學能增進我們對宗教哪一方面的了解呢？就某個層面來說，完全沒有。宗教帶來的滿足感，不太可能因為了解大腦如何產生信念，就發生大改變。正如你即使一輩子不了解文法，還是能夠流暢的運用詞彙。

不過我們還是很有興趣瞧瞧，腦袋和宗教信仰怎麼產生了關聯。對於形成並傳播宗教信仰來說，人腦有兩大特質特別重要。第一種特質，許多動物可能

高僧的腦波和常人不一樣

達賴喇嘛説，當科學的發現與佛教的教義相衝突時，教義應該讓步。達賴喇嘛也很有興趣探討冥想的神經機制。和許多冥想者一樣，他把冥想分成兩階段：第一階段的焦點是安定心靈，也就是「入定」，第二階段的焦點在於「理解」的主動認知過程，也就是「內觀」。

神經科學界選擇先從「入定」著手研究。有一組科學家評估了入定功力高深的佛教徒的腦部活動；這群科學家當中有一位分子生物學博士，之後在尼泊爾的協千寺出家，成為佛門弟子。

在實驗室裡，這些僧侶頭上給安裝了電極，以測量他們入定時的電流活動模式。剛開始，他們的模式與首次進行冥想的志願者沒有兩樣。但是當僧侶受到要求產生沒有特定對象的慈悲心，也就是所謂的無對境冥想狀態時，差別就顯現出來了。在這種狀態下，僧侶的腦部活動開始產生有節律的連貫變化，顯示有許多神經結構都是以同步的方式在放電。同步訊號大多是頻率為每秒 25 次到 40 次的波，這種節律就是所謂的 γ 頻帶振盪。在某些案例中，僧侶腦中的 γ 節律是所有被觀察過的人當中，訊號最強的（只除了病理學上的癲癇發作以外）。反觀那些冥想新手，完全沒有辦法產生多少額外的 γ 節律。

腦部如何產生同步化，目前還不太了解。但是我們知道，腦袋在進行某些特定心智活動時，γ 節律會比較強，例如正在密切處理感官刺激時，或是在保持工作記憶的時候。像這樣的 γ 節律增強，可能是僧侶報告他們覺察程度提升的原因。僧侶到底是天

生就有能力使腦波同步，或者這是可以學習來的？新手在學習冥想後，許多不同類型的腦波似乎都隨著經驗累積而增強，這點暗示了，這種能力至少有一部分是可以訓練的。

同時，腦部掃描也確認出，哪些腦部區域在「入定」時會活化——僧侶的前扣帶皮質與前額葉皮質區都非常活躍，情況正如加爾默羅會的修女在回憶「與上帝神交的感受」時一樣，也很吻合過去神經科學家研究「注意力集中」現象時，所獲得的腦部活化區域資料。

教宗若望保祿二世可能也會對這些研究有興趣，他生前曾經說過，科學與基督教義都是真的，而且能夠相容，因為「真理與真理不會互相牴觸。」

也有一部分，那就是尋求因果關係。第二種特質為社會推理，則是人類特別發達的。在人腦的眾多核心技巧當中，有一項是推估他人心理狀態的能力，也就是所謂的心智推論，我們在後面會更仔細說明。

這些特質加總起來，產生了幾項關鍵的心智功能特徵，使得大多數人會有宗教信仰。因為，我們能夠推論因果關係以及將事物抽象化，也能夠推論看不見的意圖，不論這意圖是否屬於神祇或其他實體。

好玩的是，這些有助於形成宗教信仰的先天機制，可能也有助於形成其他類型的組織化信仰活動，包括各種政治黨派、哈利波特書迷俱樂部，以及激進的無神論團體。

大部分的宗教都會尋求世間萬事萬物的成因，而且通常都是歸因於某個思想實體的所做所為。這可說是人的本性，譬如，你一定看過，很小的小孩就已

經會替無生命的物品賦予動機了──小孩認為球會滾動，是因為球自己想要滾動。

這種思考方式對我們來說是這麼的自然，我們往往毫不猶豫的，就會想像日常生活裡的各種物品都有性格。我們經常賦予汽車或機器個性，甚至幫它們取名字。例如「茶壺阿瓜，開心的吹著口哨，然後又怒斥起來」。這類型的推理，在主張萬物有靈的宗教裡也都可以看到，它們認為世間所有生命或是無生命物體，都有靈魂。

把想像的動機加到自己身上或別人身上，需要具有心智推論能力。這種能力使得小孩能參與假想遊戲，例如假想玩具兵真的會打鬥。當孩子具有心智推論能力後，就會開始了解到其他人的動機，這時他們可以很單純的利用這一點，去玩躲貓貓遊戲，也可以用到比較邪惡的方向，像是放羊的孩子高喊「狼來了」。在更後面的階段，假裝的能力甚至變得更複雜；小孩會發展出「了解一齣舞台戲劇」的能力。

我們能感受到自己與他人，主要就是因為具有心智推論能力。

評估社交情境，需要大腦皮質裡許多區域的活動。其中一個例子是鏡像神經元──當猴子執行某項任務，以及看到其他猴子執行同樣任務時，這些神經元都會放電（請參考第 24 章）。

此外，杏仁體受損的猴子，社交溝通能力也會受損（請參考第 16 章）。杏仁體與「取得物體與臉孔的感情意義」，具有密切的關係，因此杏仁體對於讓大腦得知他人的心理狀態，非常重要。

而這整套腦袋機制，與我們老是想要解釋天然事件以及非人類或是無生命物體之間的複雜關係，很可能是相關的。

當這種解釋因果關係的動力，加上我們腦袋的能力和傾向，提供了層次更高的社會認知後，宗教信仰就可能出現了。這些能力加在一起後，讓我們得以產生複雜的文化觀念，從擅自穿越馬路到公平正義，從救贖到耶穌復活……結果，我們便能夠想像有一位上帝、耶和華或是阿拉，祂是世間萬物存在的原因，祂會審判我們，但祂卻是肉眼看不見的。

　　如果心智理論是宗教形成的關鍵因子，那麼，展露出某種心智推論能力的動物，可不可能也具有宗教信仰的能力？動物可不可能在心裡形成一個「其他動物在想什麼」的模型？對於某些動物來說，答案可能是肯定的。

　　就拿我們的朋友克里斯的小狗歐莎來說吧。歐莎受了傷，暫時沒有辦法爬樓梯，每次上下樓都得靠克里斯把牠抱上抱下。於是，歐莎每次都會坐在樓梯頂或是樓梯底，等待克里斯來抱牠。這種情況持續了好幾個月，直到有一天，克里斯提早回家，靜靜的在樓下廚房裡晃。這時歐莎下樓來了，用爬的！牠下樓下到一半，看見克里斯，馬上僵住了，臉上的表情好像在說：「啊，被逮到了！」沒錯，牠給逮個正著。歐莎顯然是根據「如果克里斯知道我能爬下樓，就不會再抱我」的假設在演戲。而這也暗示，歐莎能看出怎樣支使克里斯（至少在抱寵物上下樓這件事情上頭）。

為什麼天神與天使總是在山頂上顯靈？

山，對於世界上現有的三個大宗教，猶太教、基督教和回教都很重要。這三大宗教都有在高山上看見視覺異象的情節。

摩西在西奈山上，見到一叢燃燒的荊棘，聽到有聲音從中傳出。耶穌基督的門徒在大概是黑門山上，見到耶穌改變形象。穆罕默德在希拉山上遇到天使。這些視覺幻象，只不過是眾多神祕經驗當中的三個例子。

還有一個很著名的例子是，墨西哥人璜‧地埃戈（Juan Diego）在墨西哥的派特雅山上，遇到聖母瑪利亞顯靈。

根據報告，通常靈性經驗包括：感覺和聽到某種存在、看見某個形體、看見亮光（有時是從某人身上發散出來）、以及感到恐懼等等。有趣的是，這些經驗與另一群人所報告的現象極為類似，但是這一群人通常一點也不怎麼神祕——這一群人是登山者。

這些靈異現象，會不會與山有關呢？

登山者很早就知道，要提防空氣稀薄所帶來的危險。急性高山病在超過海拔 2500 公尺以上就會發生，它的症狀很多都是因為腦部氧氣不足所造成的。根據測量，登上 1500 公尺的高度，人的反應時間就會開始變慢。來到 2500 公尺或更高，登山者說，會感覺身邊有看不見的同伴、看見光亮從自己或其他人身上發出來、看見好像是自己的第二個身體，以及突然感覺到類似恐懼的情緒。

缺氧有可能干擾到大腦皮質顳葉和頂葉的活動。這些腦部區

域在處理視覺與臉孔的資料、以及感情事件都很活躍。關於這方面的功能受到擾亂的極端例子，就是癲癇。顳葉的癲癇通常會產生非常強烈的宗教經驗，包括感覺上帝現身、覺得自己上了天堂、看見發光現象。顳葉癲癇比較容易在腦內啡升高時被引發，例如覺得壓力大的時候。攀登高山本身顯然就是一個壓力來源，而宗教異象也通常發生在壓力大的狀態下。

事實上，異象不只與高山有關，也與其他偏遠地區有關，例如沙漠這類地理條件非常極端的地方。癲癇發作會令原本不信神的人，改變信仰，大家老早就知道了，這樣的案例可能包括了聖女大德蘭、聖女小德蘭、斯密約瑟（耶穌基督後期聖徒教會的創始人），甚至可能包括前往大馬士革途中的使徒保羅。

只看了一隻狗的例子，就說那是心智推論能力，是有點牽強。然而，在更有系統的研究中，狗兒玩追逐遊戲時，確實會把其他狗兒的狀態考慮進去，牠們會根據其他狗兒正在做什麼，來調整自己發出的訊號。

動物行為學家與人類學家在判斷心智推論能力的成熟度時，標準在於：能夠想像出多少層的意圖。歐莎假裝坐在樓梯口，算是相當低層次的心智推論——「克里斯以為我沒辦法走下樓。」

反觀宗教信仰，推理層次就複雜得多了，那需要好幾個步驟的推論。宗教的核心需求，最少要具有兩步驟的推論：神認為（步驟1），我應該敬拜祂（步驟2）。大部分宗教裡的細節，都涉及了多步驟的推論。

猿類似乎不太可能有辦法進行多步驟的推論，而這是宗教信仰最起碼的條件。但是腦袋很大的黑猩猩，至少有可能做到像歐莎那種層次的推論。譬如

說，位階較低的黑猩猩，比較傾向去拿高階黑猩猩看不到的食物，而不願意去拿高階黑猩猩看得到的食物。

如果你拿了一串葡萄出現在黑猩猩面前，並且露出不願意給牠的神情，牠很快就會失去興趣。但是你如果對同樣這隻黑猩猩表現出，你很想把葡萄給牠，只是沒有辦法，那麼牠會願意等久一點。黑猩猩是利用一顆重量不到我們頭腦 1/3 的腦袋，來推論這些事的。

到底黑猩猩可不可能形成宗教信仰呢？目前還沒有定論。倒是黑猩猩有一項行為頗有宗教味道，那就是遇到暴風雨來襲時，有些黑猩猩會一直搖晃身體，搖得毛髮都豎立起來。牠們是不是也會迷信？或者只是害怕？有些人把這個動作詮釋為在跳舞。到目前為止，由於黑猩猩具有心智推論能力的證據才剛剛發現不久，我們只能先等資料齊全一些再說。

只知道由外面來推動世界，算是哪門子的上帝？

歌德／Johann Wolfgang von Goeth，德國詩人、作家

宗教的最後一項要素是教授與傳承。這就需要靠語文了，使得累積的想法能夠修改、調整，讓教義一代代的傳承下去。就目前看來，人類似乎是唯一擁有基本心智工具（心智推論加上語言）來產生組織化宗教的動物。但是我們也可能並不是唯一具有這項天賦的。幾萬年前，在人類這個物種躍升到發展出埋葬儀式與洞穴繪畫等宗教信仰象徵之前，人屬裡的另一個分支尼安德塔人，早在 10 萬年前就做過這些了。

語文能力讓我們在尋找因果關係時，能夠採用敘述的方式，因而比起其他動物又更上了一層樓。人類是說故事的高手，會敘述的動物，能夠對各式各樣的日常經驗和問題，發展出複雜的詮釋。社會學家史密斯（Christian Smith）在著作《道德，信仰的動物》中，就把人類的信仰系統當成一個普遍現象來討論，在這樣的信仰系統中，世界給安排在一個整合的觀念體系中，一個可以賦予日常經驗都有意義的大故事裡。

尋求各種不同脈絡的詮釋性敘述，是許多信仰系統的中心特色。這些詮釋性的敘述，包括：對歷史事件的了解（政治科學）、對天然現象的了解（自然科學）、對社會動態的了解（心理學及社會學）等等。至於宗教，則是另一種詮釋性的敘述，它尋找的是生存的意義，是靈性。雖然所有這些詮釋性的敘述，都使用不同的規則，具有非常不同的目的；但是關於我們的腦袋如何形成這些不同脈絡的敘述，神經科學方面的最終詮釋，卻可能是用同一套方法來表達。

　　一旦詮釋性想法鞏固之後，概念架構的解釋或建議，將無限寬廣。我們為什麼不可傷害鄰居？祖母死後到哪兒去了？誰創造了這個世界？當我們遇到非信徒，應該把他們殺掉，還是設法讓他們改變信仰？

　　當然，要提出這些問題或回答這些問題，不一定需要相信有神的存在。

　　電視卡通「南方四賤客」有一集的內容是，阿ㄍ旅行到假想的未來世界，有三個黨派在那裡激烈鬥爭，想爭奪統治世界的大權。這三個黨派擁有一位共同的創始人，而且大部分的教義也相同，但是只因為有一點點的歧見，就讓他們鬥得你死我活。這三個黨派的教義是什麼呢？無神論。創始人又是誰呢？就是道金斯教授。

　　就神經科學專家的立場來說，我們發現這一集卡通裡最不真實的地方，並不在於那些好戰的無神論者，而在於其中有個黨派是由……海獺組成的。真正的海獺很不可能有高階的心智推論能力，也不可能找得到夠多的參與者，來組成一個信仰系統。至少，我們是這麼希望的。

29
當心，你可能腦中風了
突然間聽不懂話，或無法移動

2002 年某個冬天早晨，聲宏打電話給住在加州的媽媽。那天是弟弟聲揚的生日，而他們出生於中國大陸的父母並不怎麼看重生日。再說這也給聲宏一個好藉口來打電話，因為媽媽總是說接他的電話永遠不嫌多。

「今天是聲揚的生日，」聲宏告訴媽媽。

「喔，真的？」她答道：「今天是幾號呀？」

警示紅燈開始在聲宏心中閃動起來，而母親也變得焦慮起來。她知道自己應該要曉得兒子的生日才對。聲宏按捺住心中的恐慌，開始問媽媽一些問題：「我的生日是什麼時候？」

她不記得了。

「媽，你的生日是什麼時候？」

她答不上來。

那麼，上星期她留話要同遊歐洲的事又如何呢？還是沒有答案。

到了這個時候，媽媽已經明白自己很不對勁了。她開始寫下剛剛那些問題的答案，把每件事都寫下來。後來，聲宏的父親來聽電話，他不確定妻子是什麼時候變成這樣的，但是他被聲宏說服了，同意妻子需要看醫生。診斷結果是，聲宏 66 歲的母親腦中風了。

腦中風是指腦部某個區域的血流遭到阻斷，原因可能是血管破裂（**出血性腦中風**），也可能是血管阻塞（**血栓栓塞性腦中風**）。絕大部分的腦中風都是

血栓引起的，血栓是因動脈硬化或其他損傷，血管裡形成了凝塊。血栓可以是在腦部形成，也可以在身體其他部位形成，然後阻塞在腦中。後者這種由可移動的塊狀物質所阻塞的情況稱為栓塞。

不論是哪一種腦中風，腦部都會有一部分缺乏氧與葡萄糖，它們是提供能量到全身的養分，而且代謝廢物也無法運出。這種情形很類似心臟病發作（heart attack），那是通往心臟的血流受阻所導致的。由於這個緣故，腦中風的英文有時候也稱為 brain attack。

腦中風也可能發生在年輕人身上，但還是以年長者比較容易發生。美國 55 歲以上的人，有 1/5 的機率一生至少發生過一次腦中風。男性機率稍低，但也有 1/6。在 2007 年，美國大約有 70 萬人曾經罹患過某種程度的腦中風。幾乎有 5 百萬名腦中風患者目前依然存活。

就同樣的重量來比較，你的腦袋使用的能量遠超過身體其他器官。這些能量全都是由血液運送到腦部的。如果血流受阻，不論是任何原因引起的，幾乎都會立刻阻斷神經元的功能。在你的腦袋中，不同部位負擔不同的任務，因此，腦中風的症狀要看是腦袋哪個區域的功能受損而定。

腦中風最常發生在大腦左右兩個半球，因為它們的體積最大，差不多占腦袋總體積的 4/5。最常見的腦中風症狀是肢體喪失運動能力，或是喪失身體某部位的感官。大腦皮質是思考必須的部位，因此腦中風的另一個常見症狀是出現困惑的情形。還有一個症狀是，突然間不能言語或是聽不懂語言。

腦中風也可能出現在其他情況，像是短暫性腦缺血發作。但是這種情況所產生的類似腦中風的症狀，幾分鐘之內就會恢復。目前還不太了解為什麼會發生這種情況，有可能是因為血流不足所引起的。或許是因為有一個小血塊形成，讓血流稍微變慢，但後來血塊又溶解了。

反觀腦中風，初始症狀不會消失，而是持續下去。如果血流受阻超過幾分鐘，神經元就會開始死去。接下來幾小時到一天，損傷情況會變得愈來愈糟。到最後，許多神經元都會死掉。血流受阻所帶來的損傷，有一項估計數據是：血流每受阻 1 分鐘，就能摧毀 190 萬個神經元，140 億個突觸，以及長達 12 公

里的髓鞘纖維。

　　腦中風造成的影響有沒有辦法逆轉？目前的答案是「有」，但只限於最初3小時內。在這段時間內，如果患者馬上送到急診室接受診斷，或許可以藉由藥物，重新打通受阻的血管，或是止住腦出血。過了這段黃金空檔，神經元就會踏上死亡之路，這時通常已經太遲，沒得救了。然而，很少有腦中風患者能接受即時的治療，只有那些送對急診室的病人，而且通常是送到大型醫院的，才有希望。

　　幾天之後，聲宏陪著父母去看家庭醫生。到了那個時候，不可逆轉的傷害已經造成，只是他們還不曉得。聲宏曾聽說有一種腦中風的新療法，他希望一切還來得及。

聲宏的父母是在 1960 年代來到美國，而他們對於醫生的態度，就像老一輩移民常見的，有時感到害怕，有時又言聽計從。聲宏認為自己還是親自跑一趟比較妥當。

這位家庭醫生任職於一家區域型健康中心，是個和氣的老人，也是華裔移民，年紀與聲宏的父母差距不大。基於這些原因，他們很喜歡找他。醫生進來了，有一點急躁的樣子。他很友善，但是看起來，他對聲宏的媽媽的病情似乎已經有了定見。診療室外還有許多病人，有些病人已經在檢查室等著他了。

聲宏試圖說服醫生，自己的母親腦中風了。醫生表示懷疑，因為聲宏的母親在這次病發前，已經有漸進的記憶力衰退現象，那是阿茲海默症的常見徵兆。但是這個診斷並不合理；她最近這次記憶喪失得很厲害，而且來得很突然。加上她有糖尿病，又是一個增加腦中風機率的危險因子。腦中風可以同時解釋漸進與突然的記憶喪失。但是醫生還是堅持己見，原因可能在於，腦中風除了造成記憶力突然喪失之外，通常還會造成感官、運動或語言方面的問題。

於是他們一起看磁振造影報告。結果看起來大致正常，但是聲宏突然冒出一句：「在左視丘前端有 4 公釐寬的區域，反差低得不對勁。」這代表這張影像顯示出，在母親腦袋深處有一小塊死去的組織，一個損傷。就是這個，就是這塊損傷。她的視丘被塞在血管裡的一個小血塊弄傷了。

老醫生還是不相信，他說：「這個損傷這麼小，比你小指頭的指甲還要小。」這位醫生是將近半個世紀前從醫學院畢業的，他可能從來沒有上過神經科學課程，當時某些醫學院不需要上這門課。

視丘的形狀與大小，差不多像個雞蛋，左右各一，負責將資訊從腦中某個區域傳送到另一個區域，尤其是把感官資訊送往大腦皮質，但是它也負責與腦中處理記憶的部位溝通。在視丘裡，4 公釐算是一個大損傷了。最後，老醫生總算同意，將聲宏的媽媽轉診給一名神經專科醫師。15 分鐘後，他就去看下一名病人了。

聲宏的媽媽自從腦中風之後，一直沒法學習新事物。還有空間導航記憶也受到影響，這種記憶技巧，能夠幫助你在一大早還沒喝第一杯醒腦咖啡之前，

腦中風的警訊與處理方法

│偵測│　要怎樣判斷自己有沒有腦中風？如果你身體的某個部位突然喪失知覺，或是無法移動，你很可能就是腦中風了。同時，你還可能會突然間無法說話或是聽不懂話。如果出現這些現象，重要的是馬上去大型醫院的急診室。

│治療│　腦中風發生 3 個小時內，立即治療可能有助於降低傷害。但是只有大型醫院有能力診斷並治療腦中風，因此最好事先相中一家大型醫院，以備不時之需。

　腦中風的治療方式，要看腦中風的類型是比較常見的血管阻塞（**血栓栓塞性腦中風**），還是比較不常見的出血（**出血性腦中風**）。對於血塊阻塞造成的腦中風，消除血塊的藥物會有幫助，像是組織血纖維蛋白溶酶原活化劑。但是對於出血性腦中風，組織血纖維蛋白溶酶原活化劑只會使情況惡化。對於出血性腦中風的治療，目前還不很理想，不過還是要用藥物協助。

│預防│　調整生活方式能夠有助於預防腦中風。吸菸與過度飲酒是最大的風險因素。飲食含有高糖分與高飽和脂肪，例如紅肉和雞蛋富含高飽和脂肪，比較容易引發腦中風。相反的，多吃綠色蔬菜，加上一些魚類，像是鮭魚、鯖魚和鮪魚，還有多用芥花油、葵花油或橄欖油來做菜，都能降低腦中風的風險。最後，經常運動也有助於降低腦中風機率。

最主要的腦中風預測指標，尤其是對年齡超過 55 歲的人，包括體重過重、高血壓以及糖尿病未接受治療。這些指標都可以透過例行的健康檢查來偵測。如果先前腦中風過，或是有過短暫性腦缺血發作的經驗，同樣也是未來可能腦中風的指標。

另外還有一個辦法，可以幫助我們預防最常見的血栓栓塞性腦中風，那就是服用抗血小板凝集藥物。這類藥物最容易取得的是阿斯匹靈，只要服用低劑量，就可以減低腦中風及心臟病發作的風險。市面上還有一些其他的抗血小板凝集藥物，能夠更強力的抑制凝血機制。不過，抗血小板凝集藥物並不適合某些病患，例如腸胃道出血的人。

如果你還想知道更多有關腦中風的資料，請上英文網站 www.strokecenter.org。

找到你家附近你最喜歡的咖啡店。這類型的記憶，需要動用位於腦袋兩側以及核心的組織結構，這個區域稱為顳葉系統（請參考第 23 章）。

視丘在記憶中所扮演的角色頗為神祕，部分是因為它是由許多不同的核（也就是神經元叢）組成的。在這些核當中，有些會傳送感官及運動資訊，其他的則與腦部別的功能區域有關。我們還不知道其中很多核到底是做什麼的。實驗室裡探討這些核的方法是，把一個核弄壞，然後觀察哪裡有問題，或是記錄下電流活動。另外我們也可以追蹤配線，就像你追蹤錄放影機背後的那團電線般。

但是對於人類，故意損壞一部分顳葉，或是追蹤活生生人腦內的配線，是不道德的。因此，腦中風患者就變成有用的資料來源。這裡所謂的有用，是指

對於讀腦科學的學生來說，對病人來說，則是很不幸。

視丘是腦袋裡一個很小的部分，和皮質相比，腦中風較少發生在這裡，而視丘中風後所造成的記憶缺失也很罕見。部分原因在於，視丘是通往所有大腦皮質的閘門，其中只有某幾個通道直接關聯到記憶。

聲宏與專科醫生一起觀看另一組新的磁振掃描影像，揭露的細節超過先前在社區醫院的那組照片。在這一次的掃描中，母親的腦部顯示出有兩個小點，彼此挨得很近，都位於左視丘前方，看起來好像是神射手用 BB 槍瞄準了似的。這名醫生解釋說，照片中這些清晰的小點，就是血塊阻塞在她腦中的強烈證據。如果這是另一類由出血所引起的腦中風，很可能會造成範圍更廣的傷害。

聲宏的媽媽具有腦中風的兩大風險因子。首先，她的父親，也就是聲宏的外祖父有心臟病，而且可能就是死於腦中風。她的家族病史顯示，她有可能遺傳到容易腦中風的體質。第二，她有糖尿病，也就是血糖過高，而且她沒有妥善的接受治療。基於某些還不明瞭的原因，沒有妥善治療的糖尿病加上高血糖，會增加腦中風的機率。有個推測是，糖尿病會妨礙血液流動，有可能因此增加血塊形成的機會。

這名專科醫生對聲宏的媽媽做了一些基本的神經學測驗，其中有一項是**三物件測驗**。醫生告訴她三個詞彙──藍色、巴黎、蘋果，然後換個題目。五分鐘之後，醫生再問她是哪三個字。聲宏的媽媽想不出來，不過，她還是能完成其他項目，例如從大到小倒數遞減的數字，由 100 開始，接下來每個數字減 7：100、93、86……她也能閉著眼睛碰觸自己的鼻子。

檢查結果是，許多功能都很好 ── 只除了記憶。她也喪失了腦中風前許多事件的記憶。譬如說，她不記得 2001 年 9 月 11 日所發生的恐怖攻擊事件──那是不到 5 個月前的慘事啊，誰忘得了？這絕對是記憶喪失。

醫生認為聲宏的媽媽記憶力在未來幾年有可能會改善一些，因為她的腦部會重新配線，繞過受損的區域。然而，要完全康復是不太可能的。在這同時，有一些新藥對於記憶喪失有一點效果，不論記憶喪失的原因是阿茲海默症或是

腦中風，這些藥物能影響神經傳遞系統裡的乙醯膽鹼或是麩胺酸。所以醫生開了處方。

　　往後幾年，聲宏的媽媽腦部功能確實有改善。她後來終於有辦法通過三物件測驗，於是家人也不再喜歡出題目考她了。她能記得許多天前後的事，例如聲宏什麼時候會再來訪，或是前幾個星期發生了哪些新聞。但在同時，她那原本好得驚人的記憶力，還是損壞得很嚴重。聲宏的媽媽原先從事房地產銷售與開發業務，做得有聲有色，但是那份工作需要不斷記憶大量事情，腦中風後的她，再也不可能重返工作崗位了。

30
上癮，一點也不過癮
嗑藥、酗酒惹麻煩

　　美國小說家布洛斯（William S. Burroughs）非常著迷於經歷大腦的改變狀態。一輩子嗑藥的布洛斯，在諸多作品，像是《毒蟲》、《裸體午餐》、《麻藥書簡》中，寫下他對海洛因、美沙酮、酒精、古柯鹼等無數種迷幻藥的親身經歷。

　　即便如此，世間有數百種改變心智的物質，布洛斯仍然只經歷到其中的一小部分而已。這類藥物大部分是藉由干擾神經傳遞物質來發揮作用的：有些藥物會模仿天然的神經傳遞物質，有些則是強化、或抑制神經傳遞物質的作用。

　　你大概還記得第 3 章討論過，有些接受器對它們的神經傳遞物質的反應是：產生電信號，影響神經元發射棘波的可能性。另外一型代謝性接受器，則能產生影響細胞內部運作的化學物質。

　　代謝性接受器經常是心智改變藥物的目標。這些接受器的責任在於，調節神經元或整個神經網路的功能，通常都是用很微妙的方式，使得它們能夠掌管情緒與性格。

　　在這個小世界裡的一群超級巨星是單胺神經傳遞物質，能調節情緒、注意力、睡眠以及運動。單胺包括多巴胺、血清張力素、腎上腺素、以及正腎上腺素。這些忙碌的分子對於帕金森氏症、亨丁頓舞蹈症、憂鬱症、躁鬱症、精神分裂症、頭痛、睡眠失調，都很重要。

　　許多心智改變藥物都能與血清張力素產生互動，而血清張力素就是負責調節睡眠與心情的神經傳遞物質。血清張力素能夠與十多種接受器互動，科學家發現，這些接受器全都屬於不同群的細胞。在這裡噴一點血清張力素，能讓某

個神經元棘波加快，在那裡噴一點血清張力素，能讓它變得更敏感。由於血清張力素有這麼多的接受器，它與這些接受器互動的方式可能很微妙而且有趣。

許多迷幻藥都是自然界裡的天然物質，例如神奇魔菇與烏羽玉仙人掌中的成分，但是效用最精準的迷幻藥，是人工合成的化學物麥角二乙胺（俗稱搖腳丸、LSD 或 acid）。LSD 並不會讓人上癮，也不會造成腦部永久性的損傷。LSD 會與某些特定的血清張力素接受器強力結合，所以它引發迷幻效果所需的劑量非常低，通常介於 25 到 50 微克之間，重量才約等於一片阿斯匹靈的萬分之一。

LSD 與接受器的嚴密互動，對於使用者的健康來說是件好事。因為它只與特定對象結合，所以基本上，你沒有辦法過量濫用 LSD。相反的，天然迷幻物質，像是神奇魔菇裡含有的許多化學物質，能夠活化許多接受器。大部分藥物會出現副作用，都是因為它們不只是和目標接受器結合，也與其他接受器結合，而且結合強度通常也較低。想像一下這種情形，就像你家的大門鑰匙也能夠打開鄰居家的大門，你會不會常常串門子、串上了癮？

即使沒有副作用，某些 LSD 的迷幻之旅還是會讓人不舒服，對生理產生長期影響。LSD 偶爾也會造成精神病，通常出現在已經有精神疾病傾向的使用者身上。

迷幻藥通常能營造出強大的意識改變經驗。LSD 能引發極為鮮活的想像，讓人經歷原本無法企及的思緒與知覺。詩人瓦爾德曼（Anne Waldman）有一次對我們描述她的一趟迷幻之旅：她站在一面全身穿衣鏡前，看見自己從小女孩一路變成老太婆。她看到自己在人生各個階段的影像，一個一個，同時一起出現。

另一種透過代謝性接受器途徑發揮作用的精神刺激物質是四氫大麻酚，也就是大麻煙裡的活性成分。四氫大麻酚能活化腦中原本會對神經傳遞物質大麻素起反應的接受器，這些接受器天生就遍布在腦袋裡。

活化的神經元會分泌神經傳遞物質麩胺酸與 γ-胺基丁酸（簡稱 GABA，腦中含量最多的抑制性神經傳遞物質），四氫大麻酚會抑制這些分泌。在正常

快樂丸與百憂解，瞄準同一種分子

快樂丸與百憂解似乎具有完全不同的功用：快樂丸屬於夜店濫用藥，百憂解是憂鬱症的處方藥。但是這兩種藥物都可以對同一種分子目標，發揮同樣的效果。你想不到吧！當血清張力素釋出之後，會由一種運輸蛋白把它從突觸中移走，再讓附近的神經元回收。而快樂丸與百憂解都能阻斷這種運輸蛋白的作用，讓血清張力素的亢奮效用繼續發揚光大。

亞甲雙氧甲基安非他命（簡稱 MDMA），也就是俗稱的快樂丸，最早是在 1912 年合成出來的，因為 MDMA 能讓人油然生出強烈的幸福、友善以及熱愛他人的感覺，所以給引進精神治療的領域。基於同樣的理由，MDMA 在幾十年後，搖身變成備受歡迎的夜店、轟趴濫用藥物。

雖說 MDMA 並不會殺死神經元，但可以壓制能回收血清張力素的神經末梢，時間長達好幾個月。MDMA 有可能讓人上癮，主要是因為它的結構類似安非他命，不過由於反覆使用這種藥物後，它對情緒的影響力會降低，因此濫用的可能性也會減輕。

我們要告訴你與一則迷思相反的事實：服用 MDMA 並不會讓你的脊髓液流失。這則傳說始於 1980 年代的一項研究，MDMA 使用者自願提供脊髓液讓研究人員分析，結果謠言把這項發現扭曲到面目全非的地步。

在服用快樂丸之後，效果很快就會出現，而且能持續好幾個小時。

百憂解則相反，需要重複服用幾個星期之後，才會有效果。

百憂解與樂復得及帕羅西汀一樣，都是專門針對血清張力素的回收的一種抑制劑，是最常見的處方藥。

　　雖然我們知道這些藥物能在分子層次發揮作用，但是它們到底「如何」影響心情，目前仍不清楚。有一項可能是，腦部的神經化學系統可能會適應人體反覆服用這類藥物，譬如說，因此會製造更少的血清張力素，於是就不會有過量的血清張力素在突觸附近閒晃。

　　還有一個無解的問題是，為什麼單一劑量的百憂解不能製造出像快樂丸那樣的效果？有可能是，這些藥物進入腦袋的速率不同。如果百憂解進入腦袋的速率比快樂丸慢，可能就沒法引發同樣的先期效果。另一個可能是，結構類似安非他命的快樂丸，可以阻斷多巴胺的回收，導致類似服用古柯鹼及安非他命的效果。

的腦袋中，這種分泌的抑制，原本是由特定的突觸後神經元來引發的——突觸後神經元所分泌的大麻素，會被突觸前神經元撿起來。可是，吸了大麻煙之後，四氫大麻酚瀰漫到腦部，會降低許多神經元之間的正常溝通，而且是不具選擇性的，一整個社區的每一扇門都讓這把萬用鑰匙給鎖住了。

　　另一種常見的藥物咖啡因則具有反效果，它能讓許多麩胺酸和 GABA 強化突觸的傳遞作用，因為它能增加神經傳遞物質分泌的可能性。咖啡因之所以有這種作用，辦法是阻斷另一種代謝性接受器，這種接受器的工作在於和神經傳遞物質腺苷結合。利用這種方式，咖啡因和大麻剛好相反，對於大腦功能具有相反的影響。咖啡因等於是一種溫和的興奮劑以及認知增強劑。

　　另一種認知增強劑是尼古丁，也是已知最能令人上癮的藥物之一。對於容

易上癮的人，它會作用在腦袋的乙醯膽鹼接受器上。尼古丁上癮，會讓人戒不掉，即使面對癌症的威脅也在所不惜。懷孕的女人如果吸入尼古丁，能使得發育中的胎兒重量減輕，腦部受損。

有一類最主要的止痛藥是鴉片類藥物，包括海洛因、嗎啡和許多處方箋止痛藥，像是奧施康定。它們會作用在身體天然的疼痛消除系統上，透過所謂的類鴉片接受器達到作用，這些接受器原本能被腦內啡這種神經傳遞物質所活化。濫用鴉片類藥物，最大的生物性危險在於用量過度，有可能導致呼吸衰竭而死。

濫用鴉片類止痛藥，還可能造成聽力嚴重受損。2001 年，美國右翼電台名嘴林柏（Rush Limbaugh）宣布自己喪失了大部分的聽力。他後來在頭骨上安裝了電子裝置，來恢復聽力（請參考第 7 章）。雖然他聲稱是因為一種罕見的自體免疫疾病而喪失聽力，後來還是給踢爆，他其實是濫用奧施康定這種止痛藥。

這項發現提供了一個比較合理的解釋：嗑鴉片類藥物的人常常會失去耳蝸中的毛細胞，原因雖然不清楚，但已知毛細胞能製造類鴉片接受器。

布洛斯雖然有吸食鴉片類藥物的習慣，卻還是活到 83 歲高齡。就某方面來說，他的長壽並不令人驚訝。長期吸食鴉片，並不會致命，雖說戒斷症狀會讓人非常難受。晚年時期的布洛斯，維持服用定量的美沙酮，這是一種能預防戒斷症狀的鴉片類藥物，但是它的效用很慢，不會令人達到瞬間高昂的狀態，也不會讓人因為對藥物的敏感度降低，而變得需要更大劑量。布洛斯是聰明的用藥老手，他的身體維持正常運作相當多年。

和他剛剛相反的，是他的兒子威廉・布洛斯。小布洛斯同樣撰寫親身的嗑藥經驗，但卻在 33 歲就死於藥物引發的肝臟衰竭。是哪一種藥害了他的命？是安非他命！古柯鹼、安非他命以及甲基安非他命，都能阻斷多巴胺的回收，它們是很容易上癮的藥物，而且能造成腦部大面積的損傷，尤其是如果懷孕的母親吸食這些藥物，對發育中的胎兒腦部影響特別大。

科學家已經知道這些藥物的作用途徑，但還不太清楚它們如何影響我們

抽大麻會不會引起肺癌？

　　人人都知道菸草會造成癌症，不論是用吸的（會引發肺癌），或是用嚼的（引發唇、舌、頰及食道的癌症）。你也許會猜，大麻也會帶來類似的風險，因為大麻和菸草的煙都含有焦油。基於這種推理，大麻煙可能相當於沒有濾嘴的香菸。

　　關於這個問題，大部分已發表的研究結果都不可靠。因為，大麻試驗組裡總有一些抽香菸的人，也就是他們既使用大麻、也使用菸草，因此很難得知，他們的癌症到底應該歸咎於菸草，還是大麻。

　　這類研究當中的另一項錯誤是，它們沒有區分服用大麻的方式，像是用煙斗、或是吸大麻煙、或是用吃的、或是用水煙壺來吸。所以，就像科學家喜歡掛在嘴邊的：這個問題還需要進一步的研究。

　　有沒有志願者想來接受試驗的呀？

的行為。我們接下來要談談另外一種常見的藥物，它更為神祕，能影響我們體內許多生化系統的成分，而我們卻還不曉得它到底是怎樣毒害我們的。過量使用，會導致上癮，長期下來會傷害頭腦。突然戒掉，所造成的戒斷症狀有可能致命。但是在大多數情況下，它不是禁藥。那就是酒精。

　　直到幾年前，許多科學家還認為，酒精中毒是因為它作用在細胞膜上，細胞膜的主要成分是脂肪。當時的想法是：如果有太多酒精進入細胞膜，那些脂肪就更容易滑動，干擾到細胞膜上的接受器及離子通道的正常運作。

如今科學家相信，酒精對於坐落在細胞膜上的神經傳遞物質接受器，具有專一性效果。GABA 在腦部的標的是 GABAA 接受器，GABAA 接受器是一種通道，能藉由容許帶負電離子進入細胞，來製造電信號，使得神經元比較不可能發出動作電位。當酒精濃度近似酒精中毒者血液中的濃度時，能讓這種通道開放得比平常久，增加這類抑制信號的強度。酒精同時也能影響其他離子通道，因此酒精中毒可能是受到多項因素的作用。

「喝酒，等於在毒殺腦細胞。」這句話在全球各地的酒吧裡，不知被講過多少次了。這種想法牢牢根植在飲酒的文化與幽默中，但它是根據一個錯誤的假設：如果大量酒精能造成大量傷害（不錯），那麼少量酒精必定會造成少量傷害（不對）。

和滴酒不沾的人相比，酗酒的人確實比較可能擁有一顆萎縮的腦袋，尤其是在大腦額葉皮質，那兒是執行功能的據點。

 你知道嗎：

戒毒癮怎麼那麼難？

有些人似乎就是停不下來。濫用藥物，對於人生具有極端負面的影響，但是他們仍然執意要服用他們認為的寶貝藥物。如果你曾經好奇，「這些人的腦袋是怎麼了？」你一點都不孤單。神經科學家已經花了幾千個小時，來研究藥物和成癮對於腦部的影響。

長期嗑藥會造成許多腦部區域的重大變化，包括腦部記憶系統。這表示強大的感情記憶或是引發嗑藥，都與成癮過程有關，

就像我們已經知道的，正在斷癮的人只要一遇到與嗑藥有關的暗示，就很可能會復發。

我們在內文裡解釋過，毒品能作用在許多不同的神經傳遞物質系統，但是作用區域似乎全都聚集在兩個與腦部報償系統有關的區域。（還記得報償是什麼嗎？請翻到第 18 章看看。）

所有讓人成癮的藥物，都能讓依核釋出多巴胺。此外，許多藥物還能讓依核與中腦的腹側被蓋區分泌腦內啡與內生性大麻素。但是長期嗑藥，反而會導致多巴胺分泌變少。這項變化似乎能讓人體對天然的報償，像是食物、性行為以及人際關係的反應減低，而這些報償都牽涉到相同的腦部區域。

在動物身上，重複濫用藥物與前額葉皮質神經元的功能減低有關，而這些神經元是投射到依核的，在正常情況下，依核負責反應的抑制與計畫。根據腦部造影研究顯示，人類成癮還會降低前額葉皮質的活動。

治療藥物成癮所碰到的一個主要問題是，對藥物的反應和對天然報償的反應在腦袋裡是重疊的，使得事情變得很棘手。譬如說，很難在不損傷「對食物的欲念」的情況下，打擊「對海洛因的欲念」。

目前有好幾種已經核准用來治療藥物濫用的藥，科學家同時正在研究是否可以拿來治療貪食症，包括能阻斷大麻素接受器的利莫那班（請參考第 5 章）。

另一個避開這個問題的辦法是，讓人們接種疫苗，使得他們體內產生對付特定藥物的抗體，以防止這些藥物跑進腦袋裡去。目前，已經有一種古柯鹼疫苗在進行臨床試驗了。

　　科學家利用磁振造影，針對超過 1400 名日本人，從戒酒者到酗酒者都
有，檢查他們頭骨和前腦之間的液體空間。由於成年人的頭骨形狀不會改變，
因此這個液體空間如果擴張，就代表腦部萎縮了。平均說來，酗酒者比不喝酒
的人更可能擁有萎縮的腦袋。譬如說，50 多歲的人，大約有 30% 的戒酒者腦
部萎縮，但是卻有超過 50% 的酗酒者腦部萎縮。

　　科學家發現，變化出在白質與灰質上。白質是從神經元通往腦部其他區域
的軸突，灰質則是由神經元細胞本體、樹突以及軸突的頭和尾所組成的。

　　灰質減少，可能就是大家認為酒精會殺死神經元的主因，因為神經元減
少，是腦部萎縮最明顯的解釋。然而，事實並非如此。神經元細胞體只占了腦
部總體積的 1/6，反觀樹突與軸突卻占據了灰質大部分的空間。事實上，仔細

估算酒鬼和非酒鬼的神經元數目，根本找不出差別。研究人員怎麼計算出這個結果的？他們當然沒有真的數完 500 億個神經元，他們是在皮質裡選取幾個區域的樣本，然後用統計原理推估的。

那麼，腦容量為什麼會減少呢？在實驗動物身上發現，長期飲酒會導致樹突體積減小，因此會在不影響神經元數目的情況下，使得腦容量減少。

「失去神經元」與「失去軸突或樹突」，兩者之間的差別很重大。失去神經元是極難補救的，因為在成年人的大腦皮質裡，神經元再生的機率極低，低到連有些實驗室都觀察不到。但是，萎縮的細胞、樹突及軸突，卻是有能力再度生長的。

當人或動物戒了酒之後，腦部可以回復嗎？是可以的，戒酒幾星期之後，腦容量與功能都會開始復元。在動物實驗，停止供應酒精後，能恢復樹突的複雜度。在人類，酒鬼如果戒了酒，而且沒有故態復萌，認知與許多其他功能都會有改善，包括走路的協調能力。人腦甚至展現出體積增加的證據，暗示他們的腦細胞又擴張了，這一點，在實驗動物身上也可以看見。

即使過度飲酒所造成的影響能夠逆轉，但是酗酒帶來的後果還是可能很嚴重。長期大量飲酒和許多疾病關係密切，包括高血壓與痴呆。雖然幾乎所有的人在年老後，腦袋都會萎縮，但是酒鬼的腦袋萎縮似乎還會牽涉到嚴重的認知與神經缺陷。

不只如此，就像我們在第 2 章提過的，長年酗酒能夠導致一種稱為柯薩科夫症候群的痴呆症，患了這種病，舊有的記憶會喪失，而且患者也沒有辦法形成新的記憶。在這種症候群的例子中，酒精會造成維生素 B1 缺乏，而這又會殺死腦袋某些部位的神經元，包括前視丘與乳頭狀體，它們都與海馬相連。這

要是沒有咖啡，我將不具有任何明顯的個性。
大衛‧賴特曼／David Letterman，美國脫口秀主持人

準媽媽不喝酒，寶寶才會頭好壯壯

雖說少量酒精不至於殺死成熟的神經元，但是對於發育中的神經元，影響卻可能很強烈。幾乎所有神經元的形成以及移行到最終目的地，都發生在胎兒出生前，因此孕婦飲酒非常容易傷害胎兒的腦袋。

酒精能殺死新出生的神經元，能防止神經元形成，也能干擾神經元從形成地點移行到最終目的地。在胎兒體內，即使血液中的酒精濃度只是短暫的升高，都足以造成神經元死亡。**胎兒酒精症候群**主要有兩大特徵，一個是萎縮的腦袋，另一個是神經元數目減少。

其他能妨礙神經元移行與存活的因子，還包括濫用古柯鹼，以及照射輻射線。

些區域是腦袋系統用來儲存新記憶，以及最後將它們轉變為長期記憶的部位。柯薩科夫症候群患者所失去的神經元及功能，是不可逆轉的。

另一個和你我比較相關的問題是：少量飲酒是否會損害腦袋？

答案是，不會。

許多人都假設，少量飲酒的影響和大量飲酒的影響相同，只不過程度較低。這種想法並不一定正確，有許多會造成損害的事情，如果程度輕微，處理起來會比程度嚴重者容易得多。譬如說，小傷口流一點血，很容易康復，但是大出血就可能致命。

我們前面提到日本的那個研究，證明每天攝取 50 公克的酒精（約合 3 到 4 杯葡萄酒、啤酒或其他酒類），對於腦部組織，不會產生測量得到的影響。

許多研究結果都認為，男人每天喝 3 杯酒，女人每天喝 2 杯酒，都不至於影響腦部結構或是認知能力（只除了你喝醉的時候例外）。這些數據很好記，這意味著一男一女加起來，喝個 5 杯酒不會有害，而 5 杯，差不多正是一瓶葡萄酒的量。每一對情侶，每天喝一瓶葡萄酒，嗯，聽起來滿好的。

飲用紅酒甚至還有益處呢。每天喝 3 到 4 杯紅酒，能將痴呆症的風險減為一半。而且只要每天喝 1 杯、每星期喝 3 到 4 天，也能受益，所以這個有益劑量的範圍似乎還挺寬的。

和烈酒及啤酒不同的是，紅酒能減輕腦中風的機率，很多項研究都這麼說，包括法國波爾多地區的研究，那裡的人對於紅酒很有一套。

痴呆症也有可能是許多次小型腦中風累積下來的結果，由於飲用紅酒能減低腦中風的機率，因此紅酒也可能幫我們維持心智功能。

目前我們不曉得的是，紅酒到底特別在哪裡，以及裡面的酒精成分是否對這項助益有貢獻。如果紅酒裡有益的成分最後終於給找出來，那麼很可能只需要把它們做成藥錠吞下去就可以了，不必再喝紅酒。這項發現肯定很有用，只是未免太掃興了。

31/
直搗大腦深處的療法
你的頭腦該電一電了嗎？

　　18 世紀義大利解剖學家伽伐尼（Luigi Galvani）發現，神經系統是利用電流來傳遞訊號的。最先是他的助理注意到，當青蛙腿上的神經被解剖刀觸到時，青蛙腿就會抽動。他們接著發現，只要很小的電流火花，就足以讓蛙腿抽動。這項發現讓現代人了解到，神經是藉由產生電脈衝來發揮作用的。多虧了他的發現，伽伐尼的大名現在已經進入大眾意識裡了：當某件事突然引起我們的警覺或是行動，我們說是為 galvanized（受到刺激）。

　　伽伐尼的這項發現，最終替各種神經疾病患者帶來一絲新希望，包括帕金森氏症與難纏的憂鬱症。刺激腦袋的深處可以舒緩症狀，接受深層腦部刺激術的病患，會「深深受到刺激」。這種治療方式可以有很大的效果，但是我們對於究竟為何有效，所知仍不多。

　　帕金森氏症會侵犯成年人，通常是在他們 50 多歲以後，但也可能早一些發病。剛開始是自主動作出現輕微的顫抖，然後協調性每況愈下，做任何動作都變得愈來愈困難。到了末期，患者的肌肉會變得僵硬。再小的動作，都做得很慢，而且非常費力。患者走起路來，會拖著腳步，而且面容僵化得好像戴著面具似的。

　　聲宏曾經見過一名罹患帕金森氏症的友人妻子，她需要花好幾秒鐘才能開始移動。在這段等待的期間，只能從她那炯炯的目光，和顫抖得愈來愈厲害的手，來判斷她的意圖——她的手做出一個明顯的擺動，很顯然是想要跟我握手。

在美國，大約有 150 萬人罹患帕金森氏症，65 歲以上的族群中，它侵襲了 1% 的人。罹患這種疾病的名人包括影星米高·福克斯、拳王阿里、教宗若望保祿二世、佈道家葛理翰，以及美國前司法部長雷諾。在某些病例，譬如拳王阿里，罹病原因之一是長達一輩子的小型頭部創傷。但是一般而言，帕金森氏症的病因大部分都不清楚，而且似乎也不太會遺傳。

帕金森氏症對於腦部最明顯的影響，在於腦袋深處的黑質，這個部位因為在解剖時看起來是黑色的而得名。主要是神經傳遞物質多巴胺的緣故，它一氧化就會變黑。在帕金森氏患者的腦部，這些製造多巴胺的細胞會死亡。

所有帕金森氏症的療法，都把焦點集中在腦部核心區域的一個神經網路上，那兒負責協調身體的動作。黑質只是一群叫做基底核的神經元叢之一，基底核位在大腦皮質下方。基底核也包含了蒼白球和下視丘核，它們會互相溝通，也會與腦部其他區域溝通，例如紋狀體。

第一樁帕金森氏症的外科手術療法，起因於無意間傷到基底核的一個結構。「損傷可能帶來好處」這個想法，來自不小心撕裂一根血管的神經外科醫生們（哇！），那根血管負責輸送血液與葡萄糖到視丘的某些部位，結果這些醫生發現，他們的錯誤竟然造成出人意料的好處：讓病患停止顫抖。真是一場「神經外科的黑色喜劇」啊！

這些神經外科醫生推測，某些受影響的組織死去，應該是讓症狀減輕的原因。這個發現最後變成了一項策略：蓄意將基底核複合體的一小部分給燒灼掉。這種殘酷的療法，稱為視丘切開術或是蒼白球切開術，有時很有效，但並沒有普及，因為只有不到一半的病患能從中受益。就算是能從中受益的病患，手術過後幾年，症狀還是會回來。

另外還有一項發展，也使得外科手術不再那麼受歡迎，那就是一個新的治療觀念興起：如果帕金森氏症起因於多巴胺神經元逐漸死去，為何不讓病人服用能取代多巴胺的藥物？最適合這個角色的藥物是左旋多巴，這種化學物質能夠進入腦袋，然後轉變成多巴胺。左旋多巴以及其他能影響多巴胺系統的藥物，是目前帕金森氏症最受歡迎的療法。

你知道嗎：

「潛水鐘」安上機器手臂，化身「蝴蝶」

小仲馬在他的經典小說《基度山恩仇記》中，曾描寫維爾福的父親腦中風後，神智清醒，而且對於身邊環境也很明白，但是口不能言，身體癱瘓。他只能藉由轉動眼球及眨眼，來與他人溝通，並且利用一張字母單來傳達想法。這種病，現在有了一個名稱：閉鎖症候群。

罹患閉鎖症候群的人，頭腦還是很活躍，但是卻不能將思緒轉換成行動。這種病的病因除了腦中風之外，也可能是神經失調疾病的結果，例如影響英國劍橋物理學家霍金的肌萎縮性偏側硬化症。脊髓橫斷損傷也會使得肢體部分或完全癱瘓，但是還可以保有語言功能，就像已過世的「超人」影星克里斯多夫‧李維，他是因為一次騎馬意外而造成的。

研究人員已經在嘗試，設計外加的機械臂，以幫助閉鎖症候群患者對於周遭環境多一分掌控的能力。科學家的想法是，靠著監控運動皮質裡的腦部活動，然後將它們轉換成病患想要做的動作。

像這樣的「讀心術」是有可能的，最起碼就某個大略層次來講，這可以做得到。因為即使是沒有辦法移動肢體的四肢癱瘓病人，當你要求他去想動作時，他們的運動皮質區還是會出現活動。

研究人員已經把這個想法拿來在猴子身上做實驗，在猴子的腦部安裝電極，以測量猴子移動手臂打電玩時，腦部的活動情形。而研究人員也利用這些活動，來驅動一隻機械手臂。結果，

機械手臂會做出很類似猴子手臂的動作，雖然只能做到某種揮動程度，而且移動方向偶爾會出人意料。

科學家已經幫一名四肢癱瘓病人植入同樣的電極裝置，目前這方面的研究已有相當的進展。我們拭目以待吧。

不幸的是，左旋多巴的效力只能到達一個程度。

和其他神經調節物質一樣，多巴胺在腦袋裡具有多重角色。譬如說，精神分裂症通常都是利用阻斷多巴胺接受器的藥物來治療的。治療精神分裂症的藥物會減低精神上的妄想，但是通常會帶來一些非常類似帕金森氏症的副作用，像是肌肉僵硬、步伐拖拖拉拉，以及像戴了面具般的表情。相反的，左旋多巴能夠強化腦部所有區域的多巴胺作用，但通常會導致精神病般的症狀，像是幻想及妄想等。隨著帕金森氏症的惡化，藥物治療的效用將會變得很有限，因為如果加大劑量，很可能會引起精神病。更糟糕的是，左旋多巴對於病患的動作，同時具有正面及負面的效果，它可能引發手臂和腿突然產生揮打動作，而且方向難料。

左旋多巴原本占據帕金森氏症最佳療法的寶座地位，然而自從 1986 年的一項意外發現之後，情況起了變化。

發現者是一位法國的神經外科醫生，他當時正在執行視丘切開術，以便矯正病患的顫抖現象。他一邊動手術，一邊監看病人說話和動作的情形，因為這項手術不需要做全身麻醉（可能是因為只需要局部麻醉就可以切開頭皮和顱骨，腦袋內面並沒有痛覺接受器）。他用一根小小的探針來接通電流，尋找應該下刀的位置。他發現，當探針在某一個位置上，他一打開電流，病人的顫抖馬上就消退了。後來他注意到，手術當中病人情況改善的程度，竟然不輸給接

受完視丘切開術之後的改善程度。

　　這項觀察暗示了，不知什麼原因，電流刺激也能導致類似殺死一點腦組織所達成的效果。接下來幾年，這位醫生在病人身上一再測試這個點子，把整套的電極與電池植入他們體內，讓他們能夠隨身攜帶這項裝備，三不五時的電它一電。

　　這些帕金森氏症病人改善的效果真是驚人。一些原本需要看護的病患，如今能夠再度獨立生活。其中有些人原本需要服用極高劑量的左旋多巴，劑量高到會引發讓人無法接受的副作用，如今只需要低得多的劑量就可以了，有時候甚至完全不用再服藥。這項療法幾乎改善了病患所有的動作。

　　後續的研究中，科學家發現刺激的效果可以持續到手術後 8 年，或者說持續到追蹤計畫的最後。不過，這項療法和其他腦外科手術一樣有風險，那就是手術後的腦部出血（腦部出血會引發什麼樣的危險，請參考第 29 章）。

　　雖然刺激療法的效果會隨著時間減低，也許是因為帕金森氏症會持續進展；但是病患總是能展現出長期的改善，而且，這項新療法能夠讓病人避免因服用左旋多巴而造成性格上的改變。至於最常見的持續性副作用，則是體重平均會增加 4 公斤，但是對於急需減緩病症的人來說，這大概不會阻嚇病人實施這種療法。

　　到目前為止，已經有數萬名病患接受植入式電刺激器。有了這些成功案例，怪不得凡是付得起手術費用的嚴重帕金森氏症患者，都偏愛深層腦部刺激術。

　　不過，即使深層腦部刺激術很成功，我們還是不知道它是怎麼做到的。首先，刺激腦部區域會產生像傷口一樣的效果，聽起來就很奇怪。刺激可能並非永久性的殺死腦部組織，因為當治療停頓後，效果也會跟著消失。一項可能的解釋為，刺激對於下視丘核想要做的事，不論是什麼事，都具有干擾效果。如果刺激影響到原本能產生或流經下視丘核的脈衝，這種效果是可能發生的。另一種可能是，高強度的刺激把原本可供下視丘核神經元釋出的神經傳遞物質總量給減少了，如此一來，活動自然也減少了。

第二重神祕是，為什麼阻擋了來自下視丘核的一個訊號，就能幫助罹患帕金森氏症的腦袋，在適當時間產生流暢的動作？有一項猜測是，下視丘核的正常角色與黑質的功能是相對的。因此，除去下視丘核的影響力，等於把帕金森氏症病患「腦部喪失黑質的影響」給抵消掉了。

然而不論腦部的刺激究竟如何發揮功效，最重要的是，它使得來自皮質的高層命令，能夠更清楚的傳到中腦和脊髓。

利用深層腦部刺激術來治療帕金森氏症患者，還導致一些額外的發現，這些發現通常出現在醫生對手術標的失準時，即使只差個幾公釐。

其中有一個最出名的例子，是一名接受深層腦部刺激術的帕金森氏症婦女。當她腦袋裡的某一點受到刺激時，雖然那一個點距離能舒緩她動作症狀的手術標的只有 2 公釐，她突然變得非常憂鬱，邊哭邊說一些像是「我對生命厭

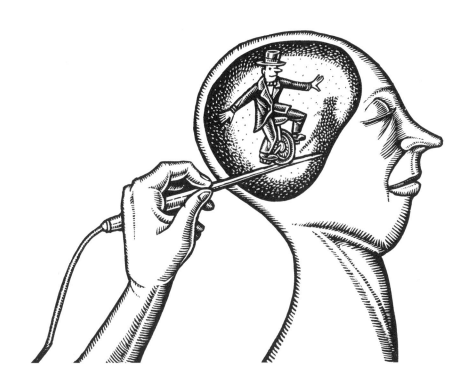

透了……怎麼做都沒用，老是覺得沒價值，我好害怕啊」這類的話。好在當刺激於 1 分鐘後結束，她的憂鬱症狀也跟著不見了。

另外還有一個病人，被意外刺激到另一個位置，也是只離手術標的幾公釐而已，卻導致了與前例完全相反的結果。病人出現狂熱的陶醉感，話說個不停，產生一堆妄想，而且性欲高張，這些症狀持續了好幾天。其中一個病人還不斷問道，為何沒有早一點安排這種手術？對了，順便告訴你，關於你現在心裡想的事，答案是否定的，你不能接受這種手術，至少目前還不行。

根據這些神經外科手術的案例，令人不禁產生一個印象：我們對於腦袋裡這許多區域究竟在做什麼，所知實在有限。就像我們之前提過的，腦幹與中腦這類部位的結構非常擁擠，各種功能不同的區域緊緊挨在一起。就科學上來說，這真的可以說是運氣好，因為外科醫生在腦袋裡那些偶然的發現，可不能事先規劃。

在某些案例，深層腦部刺激術已經開始以合理的方式應用在臨床上了。譬如說，治療強迫症的外科手術，一向將焦點集中在摧毀一束叫做內囊的軸突上（內囊是基底核裡的構造）。但是另一個更新的做法是，嘗試在這個位置進行深層腦部刺激術，這是破壞性比較低的療程。

對於憂鬱症，也有一項療法給提出來，那是根據一項觀察——憂鬱症的發作與一小條叫做膝下扣帶區（又名 25 區）的皮質組織上的活動有關。對於治療憂鬱症藥物有反應的憂鬱症患者，腦袋中 25 區的活動會變得比較低。在一個小型研究計畫中，6 名無法從藥物、電痙攣療法或是心理治療獲得幫助的憂鬱症病人，他們位於 25 區下方的白質接受深層腦部刺激術之後，有 4 人的症狀得以舒緩。

這項憂鬱症療法最終很有可能取代某些走極端的現行療法。目前對於重度憂鬱症最有效的是電痙攣療法，包括電擊頭部、使整個腦袋痙攣，這個療法能讓症狀舒緩好幾個月，尤其是能再加上認知行為治療更好。

另外一項比較不極端、但也比較沒有效的療法，也同樣神祕難解，那就是刺激迷走神經；有 1/3 的憂鬱症患者對於治療憂鬱症的藥物沒反應，但刺激迷

走神經這種療法能幫助他們。迷走神經負責把身體各系統的資訊傳到腦部，例如心跳有多快、疼痛訊號以及腸胃資訊等（譬如說，肚子飽不飽）。

刺激迷走神經之所以有用，有一項假說是，可能因為會加深身體與腦部訊號互動時的幸福感覺。也就是說，刺激迷走神經，可能會把「身體很快樂」的訊號傳送到腦部。

未來，深層腦部刺激術可能會很有條理的、根據腦袋各區域已知功能來設計。雖然在那之前，我們還是得受制於有限的腦功能基本知識。

科學家宣稱，深層腦部刺激術對於治療像是妥瑞氏症、癲癇症等等的動作與情緒失調疾病，會很管用。目前還不清楚，深層腦部刺激術是否能有效幫助這些病患，但是如果功效能像對帕金森氏症患者一樣，應該就很棒了。

在這同時，探測腦部深處所引發的怪異效果，仍然是幫助我們了解腦袋運作的證據來源。我們前面的路，還長著呢！

誌 謝

我們在學術專業領域中，到目前為止，寫了不下一百萬字來討論大腦，但是在寫這本書時，這些經驗只能幫上一部分的忙。我們也曾質疑，為什麼別人書中的誌謝總是寫得那麼長。現在我們知道為什麼了。

當 Jack Horne 得知我們兩個都正在計畫寫同樣主題的書，他建議我們何不合起來寫。Sandy Blakeslee 與 Jeff Hawkins 介紹他們的著作權代理公司 Levine Greenberg 給我們，也把我們介紹給著作權代理。

我們的經紀人 Jim Levine，以及他的助理 Lindsay Edgecombe 幫忙為這本書定調，促使內容成形。所有的作者在寫第一本書時，都應該需要這種專業的指引。還有 Beth Fisher，為了這本書跟世界各地的出版社打交道。

我們很幸運，可以跟 Bloomsbury 出版社在美國的分公司的編輯 Gillian Blake 合作，她從一開始就很熱心，而且經驗老道，提供許多協助。Ben Adams 與 Bloomsbury 的工作人員替我們潤飾文字與想法，而且一直鼓勵我們向前。

感謝 Lisa Haney 與 Patrick Lane 美麗非凡的插畫，也謝謝 Ken Catania、Pete Thompson、Ted Adelson 及 Michael MacAskill 允許我們使用那些專業的圖片。

我們在義大利 Como 湖畔的 Villa Serbelloni 完成了重要的部分，感謝洛克斐勒基金會讓我們有這樣美好的經驗，以及 Jane Flint、Bob Horvitz、Charles Jennings、Olga Pellicer、Robert Sapolsky、Shirley Tilghman 為我們加油打氣。Villa Serbelloni 的 Pilar Palacia、Elena Ongania 與其他員工創造了優雅但輕鬆的環境，非常適合思考、討論與寫作。

謝謝國內的同行提供了很棒的討論，他們是 Anne Waldman、Ed Bowes、Seemin Qayum、Sinclair Thomson、Raka Ray、Ashok Bardhan、Richard Cooper、Joan Kennelly、Jane Burbank、Fred Cooper、Russell Gordon、Jennifer Pierce、Dedre Gentner、Ken Forbus、David 與 Kathy Ringrose、Len 與 Gerry Pearlin、Bishakha Datta、Gautam Ojha、Sushil Sharma、Helen Roberts、Rodney Barker、Cyrus Cassells、Andrée Durieux-Smith，以及 Roger Smith。

朋友、同事以及學生給了我們莫大的協助與鼓勵，他們也提供了寶貴的建議、討論與修正。我們要特別感謝 Ralph Adolphs、Daphne Bavelier、Alim-Louis Benabid、Karen Bennett、Michael Berry、Ken Britten、Carlos Brody、Tom Carmichael、Gene Civillico、Mike DeWeese、David Eagleman、Neir Eshel、Michale Fee、Asif Ghazanfar、Mark Goldberg、Astrid Golomb、Liz Gould、David Grodberg、Patrick Hof、Hans Hofmann、Petr Janata、Danny Kahneman、Yevgenia Kozorovitskiy、Ivan Kreilkamp、Eric London、Zach Mainen、Eve Marder、David Matthews、Rebecca Moss、Eric Nestler、Elissa Newport、Bill Newsome、Bob Newsome、Yael Niv、Liz Phelps、Robert Provine、Kerry Ressler、Rebecca Saxe、Clarence Schutt、Steven Schultz、Mike Schwartz、Mike Shadlen、Debra Speert、David Stern、Chess Stetson、Russ Swerdlow、Ed Tenner、Leslie Vosshall、Larry Young，以及 Gayle Wittenberg。

聲宏感謝他實驗室的全體人員，體諒他必須花精神寫書，尤其是 Rebecca Khaitman 給予絕佳的協助。普林斯頓大學圖書館是不可或缺的資料來源。最後，我們感謝 Ivan Kaminow 告訴我們接聽行動電話的訣竅。

如果書裡有任何科學上的問題，當然由作者負起全部的責任，與上述人士無關。

我們的另一半，除了盡心盡力的支持我們以及這個出書計畫，也盡量讓我們維持在頭腦清楚的狀態。

珊卓感謝丈夫 Ken Britten，在許多週末珊卓忙於趕書的時候，Ken 會自己苦中作樂，也謝謝 Ken 在他們一起進行多次冒險的時候的熱情付出。

珊卓也要感謝父母 Roger 與 Jan，從小灌輸她：女生也可以冒險追求自己的夢想。

聲宏感謝妻子 Rebecca Moss 的相伴，以及她在面對又一個失控的瘋狂點子時，仍可以泰然自若，還有她在情況黯淡時，提供一盞明燈。

最後，聲宏要感謝父母王家林與王張錦萍，為他播下對科學與學習終身之愛的種子。

專有名詞對照

YY肽　peptide YY

γ-胺基丁酸　gamma-aminobutyric acid, GABA

γ頻帶振盪　gamma-band oscillation

一～三畫

乙汞硫柳酸鈉　thimerosal

乙基汞　ethyl mercury

乙醯膽鹼　acetylcholine

人工電子耳　cochlea implant

入定　stabilizing meditation

八目鰻　lamprey

十姊妹　Bengalese finch

三叉神經　trigeminal nerve

三物件測驗　three-object test

三酸甘油脂　triglycerides

下視丘　hypothalamus

上丘　superior colliculus

大麻素　cannabinoid

小腦　cerebellum

工作記憶　working memory

己烯雌酚　diethylstilbestrol, DES

弓狀核　arcuate nucleus

四畫

中樞模式產生器　central pattern generator

內側前額葉皮質　medial prefrotal cortex

內囊　internal capsule

內觀　discursive meditation

心理旋轉　mental rotation

心智推論　theory of mind

毛細胞　hair cell

五畫

主視覺皮質　primary visual cortex

代謝性受體　metabotropic receptor

出血性腦中風　hemorrhagic stroke

功能造影術　functional imaging method

北美捕魚蛛　North American fishing spider

古柯鹼　cocaine

右旋安非他命　Dexedrine

右旋環絲胺酸　D-cycloserine

史丹佛比奈智商量表　Stanford-Binet IQ scale

史金納盒　Skinner box

四氫大麻酚　tetrahydrocannabinol, THC

尼古丁　nicotine

左旋多巴　L-dopa, levodopa

布羅卡區　Broca's area

弗林效應　Flynn effect

正子放射斷層掃描攝影　positron emission tomographic scanning

正向心理學家　positive psychologist

正腎上腺素　noradrenaline

母子連繫　mother-infant bonding

生長因子　growth factor
生態區位　niche
甲基安非他命　methamphetamine
白質　white matter
白藜蘆醇　resveratrol
皮質　cortex
皮質醇　cortisol
穴位　acupunture points

六畫

伊普　ibuprofen
先天性腎上腺增生症　congenital adrenal
　　hyperplasia
全雙工　full duplex
多巴胺　dopamine
安非他命　amphetamine
年老癡呆　advanced dementia
次要組織相容抗原　minor histocompability
　　antigen
灰質　gray matter
百憂解　Prozac
耳蝸　cochlea
肌萎縮性偏側硬化症　amyotrophic lateral
　　sclerosis
自閉症　autism
血栓　thrombus
血栓栓塞性中風　thromboembolic stroke
血清張力素　serotonin
血清張力素重吸收蛋白　serotonin reuptake
　　protein
血清張力素轉運子　serotonin transporter
行為治療　behavioral therapy

七畫

亨丁頓氏舞蹈症　huntington's disease
位置細胞　place cell
作業智商　performance IQ
利莫那班　rimonabant
妥瑞氏症　Tourette's syndrome
快速動眼睡眠　rapid eye movement sleep
快樂丸　ecstasy
抗衰老蛋白質　sirtuin
改變盲　change blindness
杏仁體　amygdala

八畫

亞甲雙氧甲基安非他命　methylenedioxymeth
　　amphetamine, MDMA
亞斯伯格症　Asperger's syndrome
依核　nucleus accumbens
咖啡因　caffeine
孤立徑核　nucleus of the solitary tract
帕金森氏症　Parkinson's disease
帕羅西汀　Paxil
枕葉　occipital lobe
松果腺　pineal gland
注意盲　attentional blindness
盲視　blindsight
社會感情　social emotion
空間推理　spatial reasoning
長期抑制　long-term depression
長期增益　long-term potentiation, LTP
阿茲海默症　Alzheimer's disease
阿斯巴甜　aspartame

九畫

信號雜訊比　signal-to-noise ratio

俠盜獵車手　Grand Theft Auto

前扣帶皮質　anterior cingulated cortex

前視區　preoptic area

前額葉切除術　prefrontal lobotomy

前額葉皮質　prefrontal cortex

柯薩科夫症候群　Korsakoff's syndrome

流動智力　fluid intelligence

相關研究　correlational research

突觸　synapse

突觸可塑性　synaptic plasticity

突觸前神經元　presynaptic neurons

突觸後神經元　postsynaptic neurons

美沙酮　methadone

胎兒酒精症候群　fetal alcohol syndrome

苯酮尿症　phenylketonuria

韋尼克氏區　Wernicke's area

音頻　sound frequency

十畫

套管針　telescoping probe

恐慌發作　panic attack

恐懼制約　fear conditioning

恐懼症　phobia

挨餓後暴食策略　starve-and-binge strategy

栓塞　embolism

消弱　extinction

海洛因　heroin

海馬　hippocampus

烏羽玉仙人掌　peyote

神經元　neuron

神經胜肽Y　neuropeptide Y

神經法律學　neurolaw

神經傳遞物質　neurotransmitter

神經營養因子　neurotrophin

紡錘形面貌區　fusiform face area

紋狀體　striatum

胰島素　insulin

胰島素抗性　insulin resistance

脊髓　spinal cord

草地田鼠　meadow vole

草原田鼠　prairie vole

訊號分離問題　source separation problem

迷幻藥　hallucinogenic drug

迷走神經　vagus nerve

配對結合　pair-bonding

針炙　acupuncture

高密度膽固醇　HDL cholesterol

十一畫

側延腦　lateral medulla

側頂內區　lateral intraparietal area, LIP

側隔　lateral septum

動作偵測細胞　motion-detecting cells

動作電位　action potential

基底核　basal ganglia

執行功能　executive function

情感疾患　mood disorder

情節記憶　episodic memory

情緒音　emotional tone

接受器　receptor

敏感期　sensitive period

晝夜節律　circadian rhythm

桿細胞　rod cell

深層腦部刺激術　deep-brain stimulation

眼球震顫　saccade

移動盲症　motion blindness

第三間核 third interstitial nucleus

組織血纖維蛋白溶酶原活化劑 tissue plasminogen activator

閉鎖症候群 lock-in syndrome

陳述型記憶 declarative memory

頂葉 parietal lobe

麥角二乙胺 lysergic acid diethylamide, LSD

猝睡症 narcolepsy

十二畫

創傷後壓力症候群 post-traumatic stress disorder, PTSD

單胺 monoamine

斑胸草雀（錦花鳥） zebra finch

普遍語法 universal grammar

普衛醒 modafinil, Provigil

智商 intelligence quotient, IQ

棘波 spike

焦慮症 Anxiety disorder

短暫性腦缺血發作 transient ischemic attack

絕對音高 absolute pitch

腎上腺皮質素釋放因子 corticotropin releasing factor

虛擬實境治療 virtual reality therapy

視叉上核 suprachiasmatic nucleus

視丘 thalamus

視丘下核 subthalamic nucleus

視丘切開術 thalamotomy

超感官知覺 extrasensory perception, ESP

軸突 axon

進食素 orexin

雄性激素不敏感症候群 androgen insensitivity syndrome

順向失憶症（近事遺忘） anterograde amnesia

黑色皮質素 melanocortin

黑質 substantia nigra

催產素 oxytocin

十三畫

嗎啡 morphine

嗅球 olfactory bulb

意識 consciousness

感官訊息 sensory information

感質 qualia

感覺接受器 sensor

極大化者 maximizer

瑞文氏高級圖形測驗 Raven's Advanced Progressive Matrices

睪固酮 testosterone

經驗法則 rules of thumb

經驗—預期發育 experience-expectant development

腹側被蓋區 ventral tegmental area

腹側蒼白球 ventral pallidum

腺苷 adenosine

腦中風 brain attack, stroke

腦內啡 endorphines

腦島 insula

腦神經 cranial nerves

腦幹 brainstem

腦電圖 electrocephalograph

葉 lobe

運動皮質 motor cortex

電痙攣療法 electroconvulsive therapy

頑性癲癇 intractable epilepsy

十四畫

像素 pixel

慢波睡眠 slow-wave sleep

滿足化者　satisficer
磁振造影　magnetic resonance imaging, MRI
精神分裂症　schizophrenia
精胺酸增壓素　arginine vasopressin
蒼白球　globus pallidus
蒼白球切開術　pellidotomy
語文智商　verbal IQ
語意型記憶　semantic memory
認知治療　cognitive therapy
辣椒素　capsaicin
雌性素　estrogen

十五畫
憂鬱　depression
樂復得　Zoloft
瘦身素　leptin
瘦身素抗性　leptin resistance
膝下扣帶區　subgenual cingulate region
膠細胞　glial cell
鴉片類藥物　opiate
麩胺酸　glutamate

十六畫
樹突　dendrite
橋腦　pons
糖皮質素　glucocorticoid
褪黑激素　melatonin
選擇性血清張力素重吸收抑制劑　selective
　　serotonin reuptake inhibitors
錐細胞　cone cell
頭足綱　cephalopos family

十七畫
優生學　eugenics
壓抑作用　repression

聲調　intonation
聲調語言　tonal language
聲韻　prosody
聯絡區　association area
薄荷腦　menthol

十八畫
轉移痛　referred pain
雞尾酒會效應　cocktail party effect
額下回　inferior frontal gyrus
額葉　frontal lobe
額葉皮質　frontal cortex
額葉眼眶面皮質　orbitofrontal cortex

十九畫
癡呆症　dementia
羅馬語系　Romance languages
邊緣系統　limbic system
鏡像神經元　mirror neuron
類推　generalized

二十畫
警網　Dragnet
躁鬱症　manic-depressive disorder
饑餓素　ghrelin

二十畫以上
聽毛束　hair bundle
髓鞘　myelin
髓鞘形成過程　myelination
顳上溝　superior temporal sulcus
顳葉　temporal lobe
顳葉皮質　temporal cortex

大腦開竅手冊

WELCOME TO YOUR BRAIN

Why You Lose Your Car Keys but Never Forget How to Drive and Other Puzzles of Everyday Life

原　　著 —— 阿瑪特（Sandra Aamodt）、王聲宏（Sam Wang）
譯　　者 —— 楊玉齡
科學叢書顧問群 —— 林和（總策劃）、牟中原、李國偉、周成功

總 編 輯 —— 吳佩穎
編輯顧問 —— 林榮崧
責任編輯 —— 林榮崧、徐仕美、黃雅蕾、陳雅茜
封面設計 —— 張議文
美術編輯 —— 李建邦、張議文

出 版 者 —— 遠見天下文化出版股份有限公司
創 辦 人 —— 高希均、王力行
遠見・天下文化 事業群榮譽董事長 —— 高希均
遠見・天下文化 事業群董事長 —— 王力行
天下文化社長 —— 王力行
天下文化總經理 —— 鄧瑋羚
國際事務開發部兼版權中心總監 —— 潘欣
法律顧問 —— 理律法律事務所陳長文律師
著作權顧問 —— 魏啟翔律師
社　　址 —— 台北市 104 松江路 93 巷 1 號 2 樓
讀者服務專線 —— 02-2662-0012　　傳真 —— 02-2662-0007；02-2662-0009
電子郵件信箱 —— cwpc@cwg v.com.tw
直接郵撥帳號 —— 1326703-6 號 遠見天下文化出版股份有限公司

排 版 廠 —— 極翔企業有限公司
製 版 廠 —— 東豪印刷事業有限公司
印 刷 廠 —— 柏晧彩色印刷有限公司
裝 訂 廠 —— 書成裝訂股份有限公司
登 記 證 —— 局版台業字第 2517 號
總 經 銷 —— 大和書報圖書股份有限公司 電話／ 02-8990-2588
出版日期 —— 2008 年 3 月 25 日第一版
　　　　　　2024 年 2 月 5 日第四版第 1 次印行

國家圖書館出版品預行編目 (CIP) 資料

大腦開竅手冊／阿瑪特（Sandra Aamodt）、王聲宏（Sam Wang）著；楊玉齡譯 .— 第四版 .— 臺北市：遠見天下文化，2024.02
面； 公分 · —（科學天地；100D）
參考書目：面
譯自：WELCOME TO YOUR BRAIN: Why You Lose Your Car Keys but Never Forget How to Drive and Other Puzzles of Everyday Life
ISBN 978- 626-355-651-5（平裝）
1.CST : 腦部 2.CST : 神經生理學 3.CST : 通俗作品
394.911　　　　　　　　　113000771

定 價 —— NTD 550 元
書 號 —— BWS100D
ISBN —— 978-626-355- 651-5 ｜ EISBN 9786263556447（EPUB）；9786263556454（PDF）

天下文化官網 —— bookzone.cwgv.com.tw

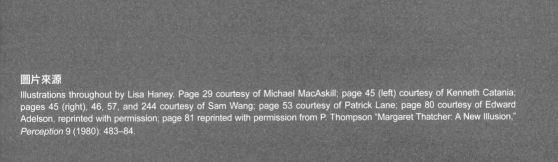
圖片來源

Illustrations throughout by Lisa Haney. Page 29 courtesy of Michael MacAskill; page 45 (left) courtesy of Kenneth Catania; pages 45 (right), 46, 57, and 244 courtesy of Sam Wang; page 53 courtesy of Patrick Lane; page 80 courtesy of Edward Adelson, reprinted with permission; page 81 reprinted with permission from P. Thompson "Margaret Thatcher: A New Illusion," *Perception* 9 (1980): 483–84.